Mathematik Abitur Aufgabensammlung
inklusive ausführlichen Lösungen

Copyright © 2021 StudyHelp
StudyHelp GmbH, Paderborn
WWW.STUDYHELP.DE

1. Auflage

Autoren: Carlo Oberkönig

Redaktion & Satz: Carlo Oberkönig
Kontakt: verlag@studyhelp.de
Umschlaggestaltung, Illustration: StudyHelp GmbH
Druck: mediaprint solutions GmbH

Das Werk und alle seine Bestandteile sind urheberrechtlich geschützt. Jede vollständige oder teilweise Vervielfältigung, Verbreitung und Veröffentlichung bedarf der ausdrücklichen Genehmigung von StudyHelp. Hinweis zu § 52a UrhG: Weder das Werk noch seine Teile dürfen ohne eine solche Einwilligung gescannt und in ein Netzwerk eingestellt werden. Dies gilt auch für Intranets von Schulen und sonstigen Bildungseinrichtungen.
Auf verschiedenen Seiten dieses Buches befinden sich Verweise (Links) auf Internet-Adressen. Haftungshinweis: Trotz sorgfältiger inhaltlicher Kontrolle wird die Haftung für die Inhalte der externen Seiten ausgeschlossen. Für den Inhalt dieser externen Seiten sind ausschließlich deren Betreiber verantwortlich. Sollten Sie bei dem angegebenen Inhalt des Anbieters dieser Seite auf kostenpflichtige, illegale oder anstößige Inhalte treffen, so bedauern wir dies ausdrücklich und bitten Sie, uns umgehend per E-Mail davon in Kenntnis zu setzen, damit beim Nachdruck der Verweis gelöscht wird.

ISBN 978-3-981-**80134**-7

Inhalt

1 Aufgaben zu Analysis 5
    1.1   Grundlagen 5
    1.2   Funktionen 6
    1.3   Gleichungen lösen 7
    1.4   Ableiten 8
    1.5   Sekante, Tangente und Normale 9
    1.6   Kurvendiskussion 9
    1.7   LGS lösen 10
    1.8   Steckbriefaufgaben 11
    1.9   Trassierung 11
    1.10 Extremwertaufgaben 11
    1.11 Wachstum 12
    1.12 Integralrechnung 13
    1.13 Scharfunktionen 15
    1.14 Rationale Funktionen 16
    1.15 Trigonometrische Funktionen 16

2 Aufgaben zu Analytische Geometrie 17
    2.1   Grundlagen 17
    2.2   Geraden 18
    2.3   Ebenen 20
    2.4   Lagebeziehungen 21
    2.5   Abstände 26
    2.6   Kreise und Kugeln 28

3 Aufgaben zu Lineare Algebra 29
    3.1   Grundlagen 29
    3.2   Austauschprozesse 29
    3.3   Populationsprozesse 30
    3.4   Produktionsprozesse 31
    3.5   Abbildungen 32

4 Aufgaben zu Stochastik 33
    4.1   Grundlagen 33

4.2	Baumdiagramme	34
4.3	Kombinatorik	34
4.4	Bedingte Wahrscheinlichkeit und Unabhängigkeit	35
4.5	Spezielle diskrete Verteilungen	36
4.6	Spezielle stetige Verteilungen	38
4.7	Hypothesentests	40

I Musterlösungen 43

A zu Analysis 45

B zu Analytische Geometrie 69

C zu Lineare Algebra 101

D zu Stochastik 111

1 Aufgaben zu Analysis

1.1 Grundlagen

Aufgabe 1.1.01 Fasse die Brüche zusammen.

a) $\frac{2}{4} + \frac{3}{4}$ c) $\frac{1}{6} \cdot \frac{2}{3}$ e) $\frac{3}{6} : \frac{6}{10}$ g) $\frac{2}{6} - \frac{1}{5}$

b) $\frac{2}{3} + \frac{3}{4}$ d) $\frac{4}{5} \cdot \frac{8}{10}$ f) $\frac{3}{4} : \frac{4}{5}$ h) $\frac{4}{5} - \frac{2}{7}$

Aufgabe 1.1.02 Multipliziere die Terme aus und fasse zusammen.

a) $2 \cdot (x - 3)$

b) $(3x + 5) \cdot (2 - x)$

c) $(3 + x) \cdot (2 - x) + x \cdot (x + 2) - (3x - 2)$

d) $3x \cdot (x^2 + 4)$

e) $(2x^2 + x) \cdot (4xy + 3)$

Aufgabe 1.1.03 Löse mit den binomischen Formeln auf:

a) $(3 + x)^2$ b) $(3 - x)^2$ c) $(3 - x) \cdot (3 + x)$ d) $3 \cdot (x + y)^2$

Aufgabe 1.1.04 Stelle den Term als Binom dar:

a) $x^2 - 6x + 9$ b) $4x^2 - 16$ c) $2x^2 - 8x + 8$ d) $4x^2 - 12x + 9$

Aufgabe 1.1.05 Klammere so weit wie möglich aus:

a) $3x^2 + x$ c) $10x^4 - 5x^2$ e) $10x^2 + 8y^2x$

b) $6x^2y + 3xy^2$ d) $5x + 5y$ f) $xyz + x^2y + 3xy^2$

Aufgabe 1.1.06 Vereinfache die Ausdrücke so weit wie möglich:

a) $x^3 \cdot x^5$ d) $(x \cdot y)^3$ g) $\sqrt[3]{x\sqrt{y}}$ j) $\frac{x^2 \cdot y^{-4} \cdot z^5}{x^{-2} \cdot y^{-2} \cdot z^3}$

b) $x^3 \cdot x^{-2}$ e) $\sqrt{xy}$ h) $\sqrt[3]{x^2}/(6x)$

c) x^2/x^5 f) $(x^2)^3$ i) $(x \cdot x \cdot x \cdot y^6 \cdot z^3)^{2/3}$ k) $\sqrt[3]{a^{2x}b^{9x}\sqrt[6]{a^{24x}}}$

1.2 Funktionen

Aufgabe 1.2.01 Wissenstest:

		Richtig	Falsch
a)	Die Steigung einer linearen Funktion ist überall gleich.		
b)	Der Grad einer quadratischen Funktion ist nicht exakt bestimmt.		
c)	Die normale Wurzelfunktion $f(x) = \sqrt{x}$ ist auf ganz $\mathbb{R}$ definiert.		
d)	e ist eine Zahl mit unendlich vielen Stellen hinterm Komma.		

Aufgabe 1.2.02 Führe folgende Manipulationen nacheinander mit der gegebenen Funktion aus.

a) $f(x) = x^2$
- Spiegeln an der x-Achse
- Strecken um den Faktor 2
- Verschieben um 2 nach rechts

b) $f(x) = 3x^2 + x$
- Verschieben um 2 nach oben
- Verschieben um 1 nach links
- Spiegeln an der y-Achse

Aufgabe 1.2.03 Bilde die Umkehrfunktion.

a) $f(x) = 3x + 4$
b) $f(x) = 0{,}5x^3$
c) $f(x) = \sqrt[5]{x}$
d) $f(x) = 5e^{2x}$
e) $f(x) = 2\ln(x) + 5$

Aufgabe 1.2.04 Die nachfolgende Abbildung zeigt drei Graphen von Funktionen.

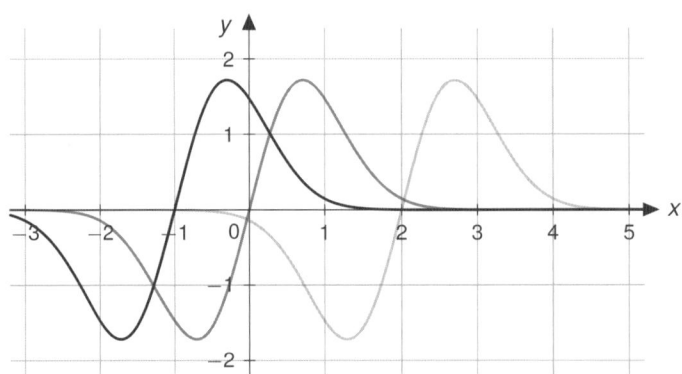

a) Welche der Funktionen hat die Gleichung $f(x) = 4xe^{-x^2}$?

b) Stelle die Funktionsgleichungen der anderen Graphen auf.

c) Skizziere den Graphen von f' in die Abbildung.

d) Die Graphen können alle einer Funktionenschar zugeordnet werden. Gib die Funktionsgleichung $f_t(x)$ an.

1.3 Gleichungen lösen

Aufgabe 1.3.01 Löse nach x auf durch Umformen:

a) $3x + 4 = -2$
b) $-2x + 16 = 0$

Aufgabe 1.3.02 Löse nach x auf durch Umformen mit Wurzel:

a) $x^2 = 4$
b) $x^2 - 9 = 0$
c) $2x^2 + 8 = 0$
d) $3x^3 + 81 = 0$

Aufgabe 1.3.03 Löse nach x auf durch Ausklammern:

a) $x^2 + 3x = 0$
b) $x^7 - x^6 = 0$
c) $2x^4 - 8x^2 = 0$
d) $x^3 - 4x = 0$

Aufgabe 1.3.04 Löse nach x auf durch pq- oder ABC-Formel:

a) $x^2 - 4x - 12 = 0$
b) $-0{,}5x^2 + 2x + 16 = 0$
c) $4x^2 + 4x + 8 = 0$
d) $0{,}25x^2 + 0{,}5x - 2 = 0$

Aufgabe 1.3.05 Löse nach x auf durch Substitution:

a) $2x^4 - 8x^2 - 24 = 0$
b) $0{,}25x^4 - 3x^2 + 5 = 0$

Aufgabe 1.3.06 Löse nach x auf durch Polynomdivision:

a) $2x^3 + 9x^2 + 3x - 4 = 0$
b) $0{,}5x^3 - 2x^2 + 0{,}5x + 3 = 0$

Aufgabe 1.3.07 Berechne mit Hilfe des Newtonverfahrens eine Nullstelle der gegebenen Funktion mit gegebenen Startwert auf 2 Nachkommastellen genau.

a) $f(x) = 0{,}25x^4 - \frac{1}{3}x^3 - \frac{1}{2}$, $x_0 = -1$
b) $f(x) = e^x - 2$, $x_0 = 1$

Aufgabe 1.3.08 Löse nach x auf:

a) $e^x - 2 = 0$
b) $2xe^x = 0$
c) $(x^2 - 4x + 3) \cdot (e^x - 1) = 0$
d) $2e^{2x} - e^x = 0$

1.4 Ableiten

Aufgabe 1.4.01 Leite graphisch folgende Funktion ab.
Anmerkung: Die Funktion lautet $f(x) = 0{,}5x^3 - x + 2$.

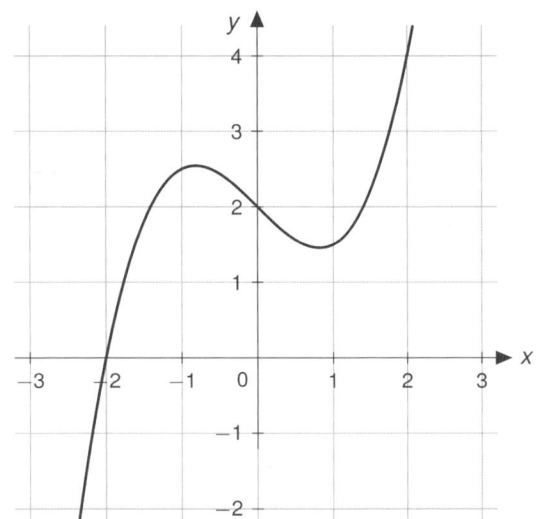
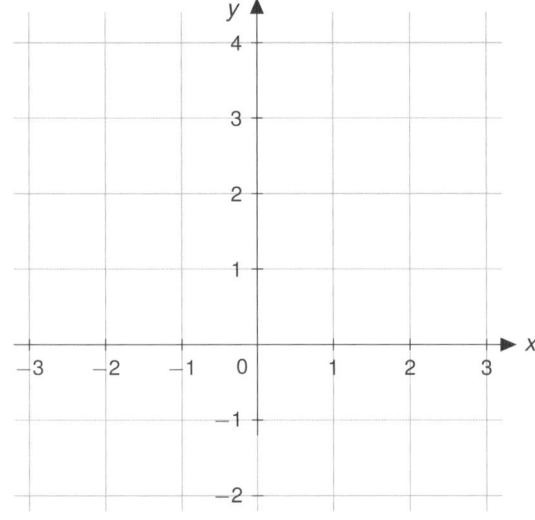

Aufgabe 1.4.02 Leite die Funktion mit den einfachen Ableitungsregeln ab.

a) $f(x) = x^2$

b) $f(x) = 5x + 3$

c) $f(x) = 3$

d) $f(x) = 2x^3 + 3x + 4$

e) $f(x) = 2x^{3/2}$

f) $f(x) = \sqrt{x}$

g) $f(x) = \frac{1}{x^2} + x^2$

h) $f(x) = \sqrt[3]{x^2} + \frac{1}{x} + x^3$

Aufgabe 1.4.03 Leite die Funktion mit der Kettenregel ab.

a) $f(x) = (3x^2 + 4)^3$

b) $f(x) = \sqrt{3x^2 + x}$

c) $f(x) = e^{2x^2 + x}$

d) $f(x) = \ln(2x + 3)$

e) $f(x) = (ax^2 + bx)^5$

f) $f(x) = 1/e^x$

Aufgabe 1.4.04

a) Begründe die Aussage: Die Funktion $f(x) = g(x^3)$ hat die Ableitung $f'(x) = 3x^2 \cdot g'(x^3)$.

b) Leite folgende Funktionen ab: $f(x) = g(x^2)$, $f(x) = g(1/x)$, $f(x) = 2 \cdot g(\ln(x))$

Aufgabe 1.4.05 Leite die Funktion mit der Produktregel ab.

a) $f(x) = (8x^2 + 3) \cdot (2x^4 + 3x^3 + 2)$

b) $f(x) = x \cdot e^x$

c) $f(x) = 2x \cdot \ln(x)$

d) $f(x) = \frac{3x^2 + 2}{x - 1}$

e) $f(x) = \sqrt{2x + 3} \cdot x^2$

f) $f(x) = 2x^2 \cdot e^x$

Aufgabe 1.4.06 Leite die Funktion mit der Quotientenregel ab.

a) $f(x) = \frac{3x}{x^2 + 2}$

b) $f(x) = \frac{1}{e^x}$

c) $f(x) = \frac{2x}{e^x}$

d) $f(x) = \frac{0{,}5x^2}{e^x - 1}$

1.5 Sekante, Tangente und Normale

Aufgabe 1.5.01 Gegeben ist die Funktion $f(x) = x^2$.

    a) Bilde eine Sekante durch die Punkte $P(0|f(0))$ und $Q(2|f(2))$.

    b) Bestimme die Tangente bei $x = 1$.

    c) Bestimme die Normale bei $x = 1$.

Aufgabe 1.5.02 Gegeben ist die Funktion $f(x) = 2x^3 + x + 2$.

    a) Bilde eine Sekante durch die Punkte $P(-1|f(-1))$ und $Q(1|f(1))$.

    b) Bestimme die Tangente bei $x = 0$.

    c) Bestimme die Normale bei $x = 0$.

Aufgabe 1.5.03 Gegeben ist die Funktion $f(x) = x \cdot e^{2x}$.

    a) Bilde eine Sekante durch die Punkte $A(0|f(0))$ und $B(-1|f(-1))$.

    b) Bestimme die Tangente bei $x = 1$.

    c) Bestimme die Normale bei $x = 1$.

Aufgabe 1.5.04 Finde die Stelle, an der die Tangente der Funktion $f(x) = \frac{1}{4}x^4 + x$ parallel zur Geraden $g(x) = 2x + 5$ verläuft.

1.6 Kurvendiskussion

Aufgabe 1.6.01 Untersuche das Grenzverhalten der Funktionen

    a) $f(x) = 3x^3 + 2x$ b) $f(x) = xe^x - 4x$ c) $f(x) = x^2 e^{-x^2}$ d) $f(x) = 2e^x + 2$

Aufgabe 1.6.02 Führe eine vollständige Funktionsuntersuchung mit folgenden Funktionen durch.

    a) $f(x) = -2x^2 + 4x$ c) $f(x) = 2x^2 e^x$

    b) $f(x) = -x^4 + 2x^2 - 1$ d) $f(x) = x \cdot \ln(x)$

1.7 LGS lösen

Aufgabe 1.7.01 Löse folgende lineare Gleichungssysteme mit dem Einsetzungsverfahren.

a)
I $x_1 + 2x_2 = 7$
II $2x_1 - x_2 = -1$

b)
I $2x_1 + x_2 = -3$
II $x_1 + x_2 = -1$

c)
I $2x_1 + x_2 + 3x_3 = 1$
II $-2x_1 + 2x_2 - 2x_3 = 0$
III $x_2 + 2x_3 = 1$

Aufgabe 1.7.02 Löse folgende lineare Gleichungssysteme mit dem Gleichsetzungsvefahren.

a)
I $y = 2x + 2$
II $y = -x + 5$

b)
I $x_1 - 2x_2 = 2$
II $2x_1 + 2x_2 = 10$

c)
I $2x_1 - x_2 = 0$
II $4x_1 - 3x_2 = 12$

Aufgabe 1.7.03 Löse die linearen Gleichungssysteme mit dem Additions- oder Gaußverfahren.

a)
I $x_1 + x_2 + 2x_3 = 0$
II $2x_1 - 2x_2 + x_3 = -1$
III $-2x_2 + 3x_3 = -5$

b)
I $x_1 + x_2 - x_3 = -3$
II $2x_1 + 3x_2 - x_3 = 0$
III $-4x_1 - 2x_2 + x_3 = 4$

c)
I $2x_1 - 2x_2 + 2x_3 + x_4 = 0$
II $x_2 + 3x_3 - x_4 = -5$
III $x_1 + x_2 - 2x_3 + x_4 = 9$
IV $x_3 + x_4 = 3$

1.8 Steckbriefaufgaben

Aufgabe 1.8.01 Stelle aus folgenden Informationen eine Funktion auf.

a) Eine ganzrationale Funktion 2. Grades hat in $P(2|-2)$ einen Tiefpunkt und geht durch den Ursprung.

b) Eine ganzrationale Funktion 3. Grades schneidet die y-Achse bei 4, berührt die x-Achse bei 2 und hat einen Wendepunkt bei $x = -1$.

c) Eine ganzrationale Funktion 4. Grades ist achsensymmetrisch zur y-Achse und hat einen Tiefpunkt bei $P(2|-2)$. Die Steigung an der Stelle $x = 1$ ist -1.

d) Eine ganzrationale Funktion 4. Grades verläuft durch den Punkt $P(-2|-4)$ und hat einen Tiefpunkt im Ursprung. Die Steigung der Tangente an der Nullstelle $x = -1$ ist 3.

e) Eine ganzrationale Funktion 3. Grades geht durch den Ursprung. Die Wendetangente bei $x = 2$ lautet $t(x) = -2x + 8$.

f) Eine Funktion der Form $f(x) = ae^{bx}$ geht durch die Punkte $P(0|5)$ und $Q(6|200)$.

g) Eine Funktion der Form $f(x) = a(1 - e^{-bx})$ geht durch die Punkte $P(1|3,6)$ und $Q(2|10,8)$. Tipp: Substituiere $e^{-b} = x$.

1.9 Trassierung

Aufgabe 1.9.01 Gegeben sind die beiden Geradenabschnitte

$$g(x) = 1,\ D_g = [-3, -1] \quad \text{und} \quad h(x) = 2x,\ D_h = [3, 8].$$

Verbinde die Funktionen sprung- und knickfrei mit der Funktion 3. Grades $f(x)$.

Aufgabe 1.9.02 Es soll eine Verbindungsstraße zwischen zwei bestehenden Sackgassen gebaut werden. Die Sackgassen können durch folgende Funktionen beschrieben werden:

$$g(x) = 0,\ D_g = [-5, 0] \quad \text{und} \quad h(x) = 0,5x + 2,\ D_h = [2, 5].$$

Die Straße soll ohne Sprung, Knick oder Krümmungsruck sein. Verwende dafür eine Funktion 5. Grades $f(x)$.

1.10 Extremwertaufgaben

Aufgabe 1.10.01 Ein rechteckiger Kaninchenstall soll um eine Gartenmauer gebaut werden, so dass die Mauer als eine Wand mitbenutzt wird. Dazu stehen 8m Draht zur Verfügung. Wie müssen die Seitenlängen gewählt werden, damit die Fläche maximal wird? Erstelle zuerst eine Skizze.

Aufgabe 1.10.02 Gegeben ist die Funktionenschar $f_t(x) = 3x^2 - 12x + 4t^2 - 6t$. Für welchen Wert von t liegt der Scheitelpunkt am niedrigsten?

Aufgabe 1.10.03 Gegeben ist die Gerade $f(x) = -2x + 4$. Bestimme den Punkt $P(x|f(x))$, der den minimalen Abstand zum Ursprung hat und den dazugehörigen Abstand.

Aufgabe 1.10.04 Die Punkte $A(0|0)$, $B(5|0)$, $C(5|f(5))$, $D(u|f(u))$ und $E(0|f(0))$ mit $f(x) = -0{,}05x^3 + x + 3$ schließen ein Fünfeck ein.

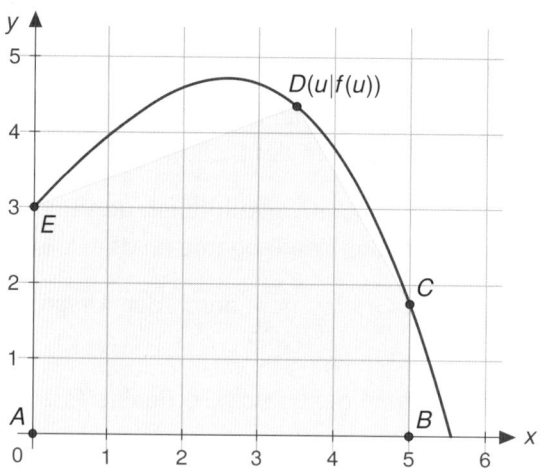

Berechne u so, dass der Flächeninhalt des Fünfecks am größten wird.

1.11 Wachstum

Aufgabe 1.11.01 Eine Maschine fertigt pro Stunde 300 Kugelschreiber. 1500 Kugelschreiber sind schon produziert worden.

a) Stelle eine Funktionsgleichung auf, die die Anzahl der produzierten Kugelschreiber angibt.

b) Eine Firma bestellt als Werbegeschenk 12.000 Kugelschreiber. Wie lang dauert es, diese zu produzieren?

Aufgabe 1.11.02 Eine Population einer Bakterienkultur kann beschrieben werden durch die Funktion $f(t) = 100e^{0{,}25t}$, wobei t die Anzahl der Tage angibt.

a) Nach wievielen Tagen werden es 100.000 Bakterien sein?

b) Bestimme den Zeitraum, in dem sich die Population verdoppelt.

Aufgabe 1.11.03 Wenn man ein Bier in den Kühlschrank stellt, kann die Temperaturentwicklung durch folgende Funktion beschrieben werden: $T(t) = 6 + 14e^{-0{,}05t}$, t in Minuten.

a) Daniel mag sein Bier am liebsten, wenn es exakt 8 Grad hat. Wie lange muss das Bier dafür im Kühlschrank stehen?

b) Wie lange dauert es, bis das Bier nur noch 0,1 Grad wärmer ist als der Kühlschrank?

1.12 Integralrechnung

Aufgabe 1.12.01 Bilde eine Stammfunktion der gegebenen Funktionen.

a) $f(x) = 1$

b) $f(x) = 3x^2 + x$

c) $f(x) = 3x^5 - 2x^2 + 1$

d) $f(x) = 3e^x$

e) $f(x) = 5e^{5x+2}$

f) $f(x) = 2e^{2x} + 2x$

Aufgabe 1.12.02 Die Nettozulaufgeschwindigkeit eines Wasserbehälters, d.h. Zulaufgeschwindigkeit minus Ablaufgeschwindigkeit, kann im Zeitraum [0, 3] durch die Funktion $f(t) = t^2 - 2t$ beschrieben werden, wobei $f(t)$ die Einheit [m³/min] hat und t in Minuten gegeben ist.

a) Berechne die Füllmenge des Wasserbehälters nach einer Minute, wenn er zum Zeitpunkt $t = 0$ mit 3m³ gefüllt war.

b) Berechne die kleinste Wasserfüllmenge im Zeitraum $t \in [1, 2]$.

Aufgabe 1.12.03 Die Geschwindigkeit einer Münze, die in einen Brunnen fallen gelassen wird, kann durch die Funktion $v(t) = 9{,}81 t$ in [m/s] beschrieben werden.

a) Bei einem Brunnen dauert es 5 Sekunden, bis die Münze ins Wasser eintaucht. Wie tief ist der Brunnen?

b) Bestimme die Geschwindigkeit der Münze beim Eintauchen ins Wasser, wenn der Brunnen 10m tief ist.

Aufgabe 1.12.04 Bestimme folgende Integrale.

a) $\int_0^2 x^2 + 2x - 3 \, dx$

b) $\int_{-1}^1 x^3 \, dx$

c) $\int_0^1 e^x \, dx$

d) $\int_{-1}^2 e^{2x} + x \, dx$

Aufgabe 1.12.05 Bestimme die Fläche, welche vom Graphen der Funktion $f(x)$ und der x-Achse eingeschlossen wird.

a) $f(x) = -0{,}5x^2 + 3x - 2{,}5$

b) $f(x) = 0{,}5x^3 - x^2 - 4x$

Aufgabe 1.12.06 Bestimme den Flächeninhalt zwischen dem Graphen der Funktion $f(x)$ und der x-Achse im vorgegebenen Intervall I.

a) $f(x) = -x^3 + 6x^2 - 8x$, $I = [1, 3]$

b) $f(x) = 2e^{x-3}$, $I = [0, 3]$

Aufgabe 1.12.07 Bestimme den Flächeninhalt zwischen den Graphen von $f(x)$ und $g(x)$.

a) $f(x) = x^3 - 6x^2 + 9x$ und $g(x) = -0{,}5x^2 + 2x$

b) $f(x) = -x^2 + 4$ und $g(x) = -x^4 + 4x^2$

Aufgabe 1.12.08 Der Querschnitt eines Flusses kann durch die Funktion $f(x) = 0{,}25x^2$ beschrieben werden.

a) Wie tief ist er an seiner tiefsten Stelle, wenn er maximal 4m breit ist? Fertige eine Skizze an.

b) Berechne die Querschnittsfläche des Kanals.

Aufgabe 1.12.09 Bestimme eine Stammfunktion von der Funktion f mit Hilfe der partiellen Integration.

a) $f(x) = 2xe^x$ b) $f(x) = (x-2)e^{2x}$ c) $f(x) = 5xe^{3x+2}$ d) $f(x) = 1 \cdot \ln(x)$

Aufgabe 1.12.10 Bestimme eine Stammfunktion von der Funktion f mit Hilfe zweifacher partieller Integration.

a) $f(x) = x^2 e^x$ b) $f(x) = (x^2 - 2x + 2)e^{2x}$ c) $f(x) = 2x^2 \sin(x)$

Aufgabe 1.12.11 Integriere durch Substitution.

a) $\int 2xe^{x^2}\,dx$ b) $\int \frac{4x}{\sqrt{x^2+2}}\,dx$ c) $\int \frac{1}{x}\ln(x)\,dx$ d) $\int 3x^2 e^{3x^3}\,dx$

Aufgabe 1.12.12 Bestimme den durchschnittlichen Wert von f im Intervall I.

a) $f(x) = 3x^2 + 2$, $I = [1, 3]$ b) $f(x) = 2e^{2x}$, $I = [0, 0{,}5]$ c) $f(x) = 0{,}5\sqrt{x}$, $I = [1, 4]$

Aufgabe 1.12.13 Ein Sektglas kann durch folgende Funktion beschrieben werden. Außen: Rotation um die x-Achse von $\sqrt{x}$. Innen: Rotation um die x-Achse von $\sqrt{x-1}$. Das Glas ist 10cm hoch.

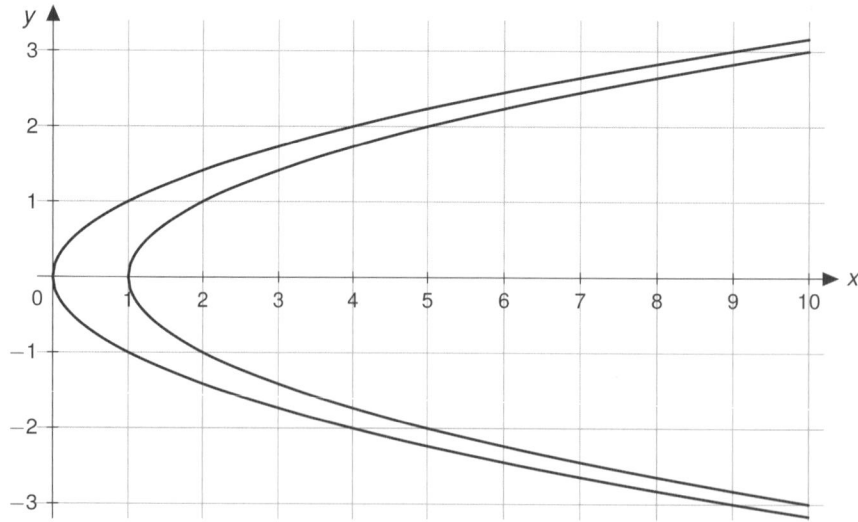

a) Wie viel Sekt passt in das Glas, wenn es bis 1cm unter der Kante gefüllt ist?

b) Wie viel Material benötigt man, um das Glas herzustellen?

Aufgabe 1.12.14 Ein Körper, der bei $t = 0$ den Weg $s(0) = 10$ zurücklegt und die Geschwindigkeit $v(0) = 5$ hat, wird mit $a(t) = 4e^{-2t}$ beschleunigt.

a) Bestimme $v(t)$ und $s(t)$.

b) Nach welcher Strecke hat er die Geschwindigkeit 6 erreicht?

c) Wie verhalten sich $v(t)$ und $s(t)$ bei $t \to \infty$?

Aufgabe 1.12.15 Um eine Masse anzuheben, muss man eine Arbeit gegen die Gravitationskraft der Erde verrichten. Diese Arbeit berechnet sich über $W = \int_{h_1}^{h_2} F(r)\, dr$ und die Gravitationskraft über $F(r) = \gamma \frac{M \cdot m}{r^2}$. Dabei ist $M = 6 \cdot 10^{24}$ kg die Masse der Erde, $\gamma = 6{,}67 \cdot 10^{-11}$ m³/(kg·s²) die Gravitationskonstante und r der Radius oder der Abstand vom Erdmittelpunkt.

a) Ein Satellit der Masse $m = 1000$ kg soll in eine Umlaufbahn der Erde gebracht werden, die $3 \cdot 10^4$ km vom Erdmittelpunkt entfernt ist. Der Erdradius beträgt ungefähr 6000 km. Welche Arbeit muss verrichtet werden?

b) Der Satellit soll nun doch aus dem Erdschwerefeld hinausgeschossen werden. Wie groß ist hierzu die benötigte Arbeit?

Aufgabe 1.12.16 Gegeben ist die folgende Abbildung mit $f(t)$.

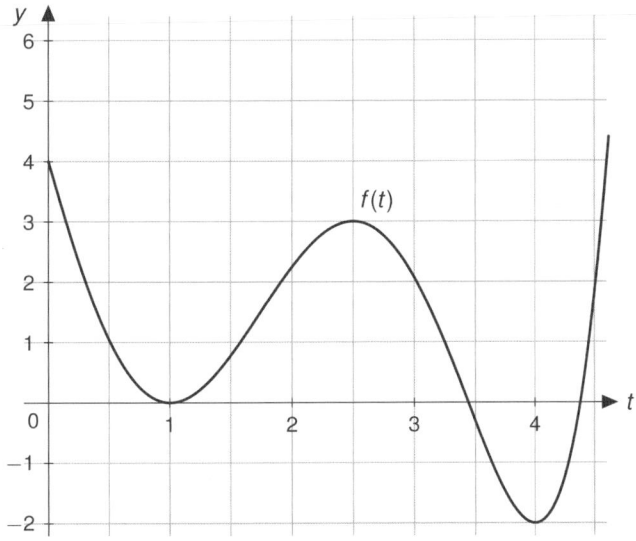

Skizziere näherungsweise den Graphen der Funktion $g(t) = \int f(t)\, dt$ für $t \in [0, 4]$ und $g(0) = 0$.

1.13 Scharfunktionen

Aufgabe 1.13.01 Betrachte die Funktionenschar $f_a(x) = 2a^2 x e^{ax}$ mit $a \neq 0$.

a) Bestimme die Nullstellen und Extrempunkte von $f_a(x)$ in Abhängigkeit des Parameters a.

b) Bestimme die Ortskurve der Extrempunkte von $f_a(x)$.

Aufgabe 1.13.02 Betrachte die Funktionenschar $f_a(x) = x^3 - ax^2 + 2$ mit $a \neq 0$.

a) Bestimme die Extrem- und Wendepunkte in Abhängigkeit von a und führe eine Fallunterscheidung durch.

b) Bestimme die Ortskurve der Wendepunkte.

c) Bestimme die Punkte, die alle Graphen der Funktionenschar gemeinsam haben.

Aufgabe 1.13.03 Der Graph einer ganzrationalen Funktion 3. Grades geht durch die Punkte (0|0), (2|0) und (4|1).

a) Bestimme die Funktionsgleichung $f_a(x)$.

b) Bestimme a so, dass der Graph in (0|0) einen Hochpunkt hat.

Aufgabe 1.13.04 Wenn ein Ball von 2m Abwurfhöhe geworfen wird, kann die Flugbahn durch die Funktion $f_v(x) = -\frac{5}{v^2}x^2 + x + 2$ beschrieben werden, für $v > 0$.

a) Bestimme die Wurfweite in Abhängigkeit von v.

b) Bestimme die Ortskurve der Hochpunkte der Flugkurve.

1.14 Rationale Funktionen

Aufgabe 1.14.01 Bestimme bei folgenden Funktionen jeweils die Definitionslücke und beschreibe, wie sich die Funktion an der Stelle verhält.

a) $f(x) = \frac{x^2-9}{x-3}$
b) $f(x) = \frac{3x^2}{x-2}$
c) $f(x) = \frac{e^x}{x^2-4}$

Aufgabe 1.14.02 Bestimme das Grenzverhalten der Funktionen für $x \to \pm\infty$.

a) $f(x) = \frac{3x+2}{6x-4}$
b) $f(x) = \frac{3x+2}{6x^2-4}$
c) $f(x) = \frac{3x^2+2}{6x-4}$
d) $f(x) = \frac{6x^3+3}{e^x}$

1.15 Trigonometrische Funktionen

Aufgabe 1.15.01 Bilde die erste Ableitung folgender Funktionen.

a) $f(x) = \cos^2(x)$
b) $f(x) = \sin(x)\cos(x) + 2$
c) $f(x) = 3x\sin(2x)$

Aufgabe 1.15.02 Bilde eine Stammfunktion folgender Funktionen.

a) $f(x) = \sin(x)$
b) $f(x) = \sin(x)\cos(x)$
c) $f(x) = 3x\sin(x)$

2 Aufgaben zu Analytische Geometrie

2.1 Grundlagen

Aufgabe 2.1.01 Gegeben sind die Vektoren

$$\vec{a} = \begin{pmatrix} 2 \\ 4 \\ -1 \end{pmatrix}, \vec{b} = \begin{pmatrix} 3 \\ -2 \\ 1 \end{pmatrix}, \vec{c} = \begin{pmatrix} 2 \\ 0 \\ 2 \end{pmatrix}, \vec{d} = \begin{pmatrix} 1 \\ 0 \\ 2 \end{pmatrix} \text{ und } \vec{e} = \begin{pmatrix} 0 \\ 1 \\ 0 \end{pmatrix}.$$

Berechne:

a) $\vec{a} + \vec{b}$

b) $\vec{b} - \vec{d}$

c) $3\vec{d} + 2\vec{e}$

d) $\vec{a} + 0{,}5\vec{c} - 4\vec{e}$

e) $\vec{b} \bullet \vec{c}$

f) $\vec{a} \bullet \vec{d}$

g) $(\vec{b} \bullet \vec{d}) \cdot \vec{e}$

h) $\vec{b} \times \vec{c}$

i) $\vec{d} \times \vec{e}$

j) $(\vec{a} \times \vec{b}) \bullet \vec{c}$

k) $|\vec{a}|$

l) $|\vec{c} + \vec{d}|$

Aufgabe 2.1.02 Gegeben sind die Punkte

$$P(3|1|-3),\ Q(2|-1|0) \text{ und } R(-5|0|-3).$$

Berechne die Mittelpunkte zwischen den Punkten und den Schwerpunkt des Dreiecks PQR.

Aufgabe 2.1.03 Prüfe folgende Vektoren auf lineare Unabhängigkeit:

a) $\begin{pmatrix} 2 \\ 4 \end{pmatrix}, \begin{pmatrix} 1 \\ -1 \end{pmatrix}$

b) $\begin{pmatrix} 1 \\ -3 \end{pmatrix}, \begin{pmatrix} -3 \\ 9 \end{pmatrix}$

c) $\begin{pmatrix} 1 \\ 3 \\ -2 \end{pmatrix}, \begin{pmatrix} -2 \\ 4 \\ -4 \end{pmatrix}$

d) $\begin{pmatrix} 1 \\ 3 \\ 0 \end{pmatrix}, \begin{pmatrix} -2 \\ 1 \\ 3 \end{pmatrix}, \begin{pmatrix} -5 \\ -1 \\ 6 \end{pmatrix}$

e) $\begin{pmatrix} 3 \\ 3 \\ 0 \end{pmatrix}, \begin{pmatrix} 2 \\ -6 \\ 6 \end{pmatrix}, \begin{pmatrix} 0 \\ 5 \\ -3 \end{pmatrix}$

Aufgabe 2.1.04 Gegeben sind die Punkte

$$A(1|3|-1), \ B(3|1|1) \text{ und } C(4|4|0).$$

a) Zeige, dass das Dreieck ABC gleichschenklig ist.

b) Bestimme den Schwerpunkt des Dreiecks.

c) Bestimme einen Punkt D so, dass die Punkte ABCD eine Raute bilden.

Aufgabe 2.1.05 Eine Pyramide hat die unteren Eckpunkte

$$A(0|0|0), \ B(0|4|0), \ C(4|4|0) \text{ und } D(4|0|0).$$

a) Bestimme die Koordinaten der Spitze S so, dass die Pyramide eine gleichseitige Pyramide mit einem Volumen von 16 [VE] ist.

b) Bestimme die Größe der Oberfläche der Pyramide.

Aufgabe 2.1.06 Koordinatenebenen:

a) Gib zwei Punkte an, die in der $x_1 x_2$-Ebene liegen.

b) In welcher Koordinatenebene liegen die Punkte $A(3|0|2)$, $B(0|1|-1)$ und $C(0|0|2)$?

c) Beschreibe mit Worten, welche Punkte sowohl in der $x_2 x_3$-Ebene, als auch in der $x_1 x_3$-Ebene liegen und gib eine allgemeine Form für den Punkt an.

Aufgabe 2.1.07 Wissenstest:

		Richtig	Falsch
a)	Liegt ein Punkt in einer der Koordinatenebenen, muss mindestens eine Komponente 0 sein.		
b)	Wenn man zwei Vektoren im Kreuzprodukt miteinander multipliziert, kommt nur eine Zahl raus.		
c)	Die Länge eines Vektors entspricht der Wurzel des Skalarprodukts mit sich selbst.		
d)	Zwei parallele Vektoren sind linear unabhängig.		

2.2 Geraden

Aufgabe 2.2.01 Erstelle eine Gerade aus den gegebenen Informationen:

a) $P(2|5|1), \ Q(1|7|0)$

b) $P(1|1|1), \ Q(-1|0,5|2)$

2.2 Geraden

c) Die Gerade geht durch den Ursprung und den Punkt $P(2|1|-1)$.

d) Die Gerade geht durch den Punkt $P(2|0|3)$ und ist parallel zur x_2-Achse.

Aufgabe 2.2.02 Gegeben sind die Punkte $P(1|2|3)$ und $Q(2|4|2)$.

a) Erstelle die Gerade g, die durch die Punkte P und Q verläuft.

b) Prüfe, ob der Punkt $A(-1|2|2)$ auf der Geraden liegt.

Aufgabe 2.2.03 Gegeben sind die Punkte $P(1|-2|3)$ und $Q(5|4|5)$.

a) Erstelle die Gerade g, die durch die Punkte P und Q verläuft.

b) Prüfe, ob der Punkt $A(3|1|4)$ auf der Geraden liegt.

c) Bestimme die Spurpunkte der Geraden g mit den Koordinatenebenen.

Aufgabe 2.2.04 Eine Spinne hat einen Faden diagonal an ein Fenster gespannt, so dass die Ecken des Fensters genau am Anfang und Ende des Fadens liegen. Das Fenster ist 30 cm breit und 40 cm hoch. Die Spinne sitzt 4 cm hoch.

a) Die Spinne fängt nun an mit 5 cm/s den Faden heraufzuklettern. Stelle eine Geradengleichung in Abhängigkeit von der Zeit auf, mit der man herausfinden kann, an welcher Position sich die Spinne zu unterschiedlichen Zeitpunkten befindet.

Tipp: Das Problem ist am Besten in 2D zu beschreiben mit dem Koordinatenursprung unten links am Fenster.

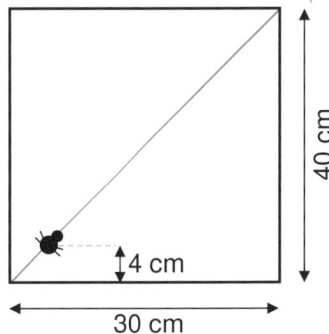

b) Nach wie vielen Sekunden erreicht die Spinne die obere rechte Ecke? Wie schnell ist die Spinne in m/s?

Aufgabe 2.2.05 Die Flugbahnen eines Adlers und eines Spatzen können kurzzeitig durch zwei Geraden beschrieben werden. Zum Zeitpunkt $t = 0$ Sekunden befindet sich der Adler in Punkt $A(20|25|120)$ und der Spatz in Punkt $B(10|10|121)$. Zum Zeitpunkt $t = 1$ Sekunde befindet sich der Adler in Punkt $C(17|21|120)$ und der Spatz in $D(8|9|120)$. Dabei entspricht eine Längeneinheit einem Meter.

a) Bestimme die Flugbahnen der beiden Vögel in Form einer Geradengleichung.

b) Berechne die Geschwindigkeit der beiden Vögel.

c) Bestimme den Zeitpunkt t, an dem sich die Vögel am Nächsten kommen und den dazugehörigen Abstand. Der Spatz wird gefressen, wenn er weniger als 5 Meter Abstand zum Adler hat. Kann der Spatz entkommen?

Aufgabe 2.2.06 Wissenstest:

		Richtig	Falsch
a)	Eine Gerade kann immer durch zwei verschiedene Punkte beschrieben werden.		
b)	Eine Gerade hat immer Spurpunkte mit allen Koordinatenachsen.		
c)	Der Stützvektor einer Geraden ist ein Vektor, der vom Ursprung auf einen Punkt der Gerade zeigt.		
d)	Die Länge eines Richtungsvektors in einer Geschwindigkeitsaufgabe beschreibt die Strecke, die das Objekt in einer Zeiteinheit zurücklegt.		

2.3 Ebenen

Aufgabe 2.3.01 Gegeben ist die Gerade g und der Punkt A mit:

$$g: \vec{x} = \begin{pmatrix} 0 \\ -1 \\ 6 \end{pmatrix} + t \cdot \begin{pmatrix} 1 \\ 0 \\ -0{,}8 \end{pmatrix}, t \in \mathbb{R} \quad \text{und} \quad A(0|1|2)$$

a) Erstelle die Ebene, die durch die Gerade und den Punkt verläuft.

b) Gib die Spurpunkte der Ebene mit den Koordinatenachsen an.

Aufgabe 2.3.02
Gegeben sind die Punkte $A(2|-1|5)$, $B(3|2|-1)$, $C(1|0|4)$, $D(2|3|-7)$ und $F(7|2|-4)$.

a) Bestimme die Parameterdarstellung der Ebene E, in der die Punkte A, B und C liegen.

b) Liegen die Punkte D und F in der Ebene E?

c) Bestimme einen Normalenvektor der Ebene E.

d) Gib die Normalenform und die Koordinatenform der Ebene an.

Aufgabe 2.3.03 Die Geraden

$$g: \vec{x} = \begin{pmatrix} 2 \\ -1 \\ 0 \end{pmatrix} + t \cdot \begin{pmatrix} 3 \\ 1 \\ 1 \end{pmatrix}, t \in \mathbb{R} \quad \text{und} \quad h: \vec{x} = \begin{pmatrix} 3 \\ 2 \\ 1 \end{pmatrix} + s \cdot \begin{pmatrix} -1 \\ 1 \\ 0 \end{pmatrix}, s \in \mathbb{R}$$

schneiden sich in Punkt $S(5|0|1)$.

a) Gib eine Ebene E an, in der die beiden Geraden g und h liegen.

b) Wandle die Ebene in die Koordinatenform um.

Aufgabe 2.3.04 Wandle die Ebenen jeweils in die anderen beiden Formen um:

a) $E: \vec{x} = \begin{pmatrix} 0 \\ 0 \\ -5 \end{pmatrix} + s \cdot \begin{pmatrix} 1 \\ 0 \\ 2 \end{pmatrix} + t \cdot \begin{pmatrix} 0 \\ 1 \\ 1 \end{pmatrix}, s,t \in \mathbb{R}$ \quad c) $E: \left(\vec{x} - \begin{pmatrix} 0 \\ 0 \\ -8 \end{pmatrix} \right) \cdot \begin{pmatrix} -3 \\ 0 \\ 1 \end{pmatrix} = 0$

b) $E: -12x_1 + 4x_3 = -32$

Aufgabe 2.3.05 Wissenstest:

		Richtig	Falsch
a)	Der Normalenvektor einer Ebene steht immer senkrecht zu beiden Richtungsvektoren der Ebene.		
b)	Die Richtungsvektoren einer Ebene können linear abhängig sein.		
c)	Eine Gerade und ein Punkt definieren in jedem Fall eine Ebene.		
d)	Eine Ebene ist durch zwei sich in genau einem Punkt schneidende Geraden exakt definiert.		

2.4 Lagebeziehungen

Aufgabe 2.4.01 Bestimme die gegenseitige Lage der Geraden g und h und gib gegebenenfalls den Schnittpunkt an.

a) $g: \vec{x} = \begin{pmatrix} 4 \\ -3 \\ 1 \end{pmatrix} + r \cdot \begin{pmatrix} -2 \\ 1 \\ 3 \end{pmatrix}, r \in \mathbb{R}$ und $h: \vec{x} = \begin{pmatrix} 2 \\ 1 \\ -1 \end{pmatrix} + s \cdot \begin{pmatrix} 6 \\ -3 \\ -9 \end{pmatrix}, s \in \mathbb{R}$

b) $g: \vec{x} = \begin{pmatrix} 1 \\ 3 \\ -1 \end{pmatrix} + r \cdot \begin{pmatrix} 1 \\ -2 \\ -3 \end{pmatrix}, r \in \mathbb{R}$ und $h: \vec{x} = \begin{pmatrix} -1 \\ 7 \\ 5 \end{pmatrix} + s \cdot \begin{pmatrix} 2 \\ -4 \\ -6 \end{pmatrix}, s \in \mathbb{R}$

c) $g: \vec{x} = \begin{pmatrix} 9 \\ 0 \\ 6 \end{pmatrix} + r \cdot \begin{pmatrix} 3 \\ 2 \\ 1 \end{pmatrix}, r \in \mathbb{R}$ und $h: \vec{x} = \begin{pmatrix} 7 \\ -2 \\ 2 \end{pmatrix} + s \cdot \begin{pmatrix} 1 \\ 1 \\ 2 \end{pmatrix}, s \in \mathbb{R}$

d) $g: \vec{x} = \begin{pmatrix} 2 \\ 5 \\ 4 \end{pmatrix} + r \cdot \begin{pmatrix} 2 \\ 4 \\ 3 \end{pmatrix}, r \in \mathbb{R}$ und $h: \vec{x} = \begin{pmatrix} 0 \\ 1 \\ 3 \end{pmatrix} + s \cdot \begin{pmatrix} -1 \\ 0 \\ 2 \end{pmatrix}, s \in \mathbb{R}$

Aufgabe 2.4.02 Gib zu den Geraden g jeweils eine schneidende Gerade h, eine parallele Gerade i und eine windschiefe Gerade h an.

a) $g : \vec{x} = \begin{pmatrix} 1 \\ 2 \\ 0 \end{pmatrix} + t \cdot \begin{pmatrix} 3 \\ -1 \\ 1 \end{pmatrix}, t \in \mathbb{R}$

b) $g : \vec{x} = \begin{pmatrix} 0 \\ 1 \\ -1 \end{pmatrix} + t \cdot \begin{pmatrix} 2 \\ 0 \\ 1 \end{pmatrix}, t \in \mathbb{R}$

Aufgabe 2.4.03 Gegeben sind die beiden Geradenscharen

$$g_a : \vec{x} = \begin{pmatrix} -1 \\ 0 \\ a \end{pmatrix} + r \cdot \begin{pmatrix} 2 \\ -1 \\ 3 \end{pmatrix}, r \in \mathbb{R} \text{ und } h_a : \vec{x} = \begin{pmatrix} 2 \\ -2 \\ -3a \end{pmatrix} + s \cdot \begin{pmatrix} 1 \\ 0 \\ 2 \end{pmatrix} \text{ mit } a, s \in \mathbb{R}.$$

a) Wie muss a gewählt werden, damit sich die beiden Geraden schneiden? Bestimme den Schnittpunkt.

b) Wie liegen g_a und h_a zueinander, wenn a nicht so gewählt wird, dass sie sich schneiden?

Aufgabe 2.4.04 Wissenstest:

		Richtig	Falsch
a)	Wenn die Richtungsvektoren von zwei Geraden linear abhängig sind, sind die Geraden parallel oder identisch.		
b)	Wenn zwei Geraden windschief sind, sind ihre Richtungsvektoren linear abhängig.		
c)	Wenn die Richtungsvektoren von zwei Geraden im $\mathbb{R}^3$ linear unabhängig sind, schneiden sich die Geraden immer.		
d)	Wenn zwei Geraden parallel sind, sind ihre Richtungsvektoren linear abhängig.		

Aufgabe 2.4.05 Untersuche die Lage der Gerade zur Ebene mit $r, s, t \in \mathbb{R}$ und bestimme gegebenenfalls den Schnittpunkt.

a) $g : \vec{x} = \begin{pmatrix} 1 \\ 1 \\ -2 \end{pmatrix} + r \cdot \begin{pmatrix} 2 \\ 1 \\ 2 \end{pmatrix}$ und $E : \vec{x} = \begin{pmatrix} 0 \\ 3 \\ 9 \end{pmatrix} + s \cdot \begin{pmatrix} 1 \\ 2 \\ -1 \end{pmatrix} + t \cdot \begin{pmatrix} -2 \\ 1 \\ 3 \end{pmatrix}$

b) $g : \vec{x} = \begin{pmatrix} 1 \\ 0 \\ 2 \end{pmatrix} + r \cdot \begin{pmatrix} -3 \\ 5 \\ -1 \end{pmatrix}$ und $E : \vec{x} = \begin{pmatrix} -5 \\ 10 \\ 0 \end{pmatrix} + s \cdot \begin{pmatrix} 1 \\ 3 \\ 1 \end{pmatrix} + t \cdot \begin{pmatrix} -2 \\ 1 \\ -1 \end{pmatrix}$

2.4 Lagebeziehungen

c) $g: \vec{x} = \begin{pmatrix} 1 \\ 0 \\ 1 \end{pmatrix} + t \cdot \begin{pmatrix} -6 \\ 2 \\ -8 \end{pmatrix}$ und $E: -3x_1 + x_2 - 4x_3 = 6$

d) $g: \vec{x} = \begin{pmatrix} -2 \\ 3 \\ 4 \end{pmatrix} + t \cdot \begin{pmatrix} 1 \\ 2 \\ -1 \end{pmatrix}$ und $E: x_1 - 2x_2 - 3x_3 = 1$

e) $g: \vec{x} = \begin{pmatrix} -1 \\ 1 \\ 1 \end{pmatrix} + t \cdot \begin{pmatrix} 1 \\ -3 \\ 2 \end{pmatrix}$ und $E: 2x_1 - 6x_2 + 4x_3 = -32$

f) $g: \vec{x} = \begin{pmatrix} -3 \\ 4 \\ 1 \end{pmatrix} + t \cdot \begin{pmatrix} 5 \\ -2 \\ 3 \end{pmatrix}$ und $E: x_1 - 2x_2 - 3x_3 = -14$

Aufgabe 2.4.06 Wissenstest:

		Richtig	Falsch
a)	Wenn das Skalarprodukt des Richtungsvektors der Geraden mit dem Normalenvektor der Ebene 0 ergibt, so ist die Gerade orthogonal zur Ebene.		
b)	Wenn der Richtungsvektor der Geraden mit den Richtungsvektoren der Ebene linear unabhängig ist, so schneiden sich Ebene und Gerade.		
c)	Wenn die Gerade und die Ebene orthogonal zueinander sind, so sind der Richtungsvektor der Gerade und der Normalenvektor der Ebene linear abhängig.		
d)	Wenn die Richtungsvektoren der Ebene und der Richtungsvektor der Geraden linear abhängig sind, so können sich Gerade und Ebene in genau einem Punkt schneiden.		

Aufgabe 2.4.07 Untersuche folgende Ebenen mit $r,s,t,u \in \mathbb{R}$ auf ihre gegenseitige Lage und bestimme gegebenenfalls die Schnittgerade.

a) $E: \vec{x} = \begin{pmatrix} 2 \\ -7 \\ -1 \end{pmatrix} + r \cdot \begin{pmatrix} -1 \\ 2 \\ 2 \end{pmatrix} + s \cdot \begin{pmatrix} -3 \\ 0 \\ 1 \end{pmatrix}$ und $F: \vec{x} = \begin{pmatrix} 4 \\ 3 \\ 6 \end{pmatrix} + t \cdot \begin{pmatrix} 1 \\ 2 \\ 4 \end{pmatrix} + u \cdot \begin{pmatrix} -1 \\ -2 \\ -3 \end{pmatrix}$

b) $E: \vec{x} = \begin{pmatrix} 1 \\ 2 \\ 1 \end{pmatrix} + r \cdot \begin{pmatrix} 2 \\ -1 \\ 0 \end{pmatrix} + s \cdot \begin{pmatrix} 0 \\ 1 \\ -1 \end{pmatrix}$ und $F: \vec{x} = \begin{pmatrix} 3 \\ 1 \\ 1 \end{pmatrix} + t \cdot \begin{pmatrix} 2 \\ 2 \\ -3 \end{pmatrix} + u \cdot \begin{pmatrix} 8 \\ -5 \\ 1 \end{pmatrix}$

c) $E: \vec{x} = \begin{pmatrix} -2 \\ -2 \\ -3 \end{pmatrix} + r \cdot \begin{pmatrix} 3 \\ -3 \\ 2 \end{pmatrix} + s \cdot \begin{pmatrix} -2 \\ 3 \\ -1 \end{pmatrix}$ und $F: 3x_1 + x_2 - 3x_3 = 1$

d) $E: \vec{x} = \begin{pmatrix} 2 \\ 3 \\ -4 \end{pmatrix} + r \cdot \begin{pmatrix} -1 \\ 1 \\ 5 \end{pmatrix} + s \cdot \begin{pmatrix} 1 \\ 1 \\ 1 \end{pmatrix}$ und $F: 4x_1 - 2x_2 + x_3 = 2$

e) $E: \vec{x} = \begin{pmatrix} -3 \\ -5 \\ 2 \end{pmatrix} + r \cdot \begin{pmatrix} 1 \\ 2 \\ 2 \end{pmatrix} + s \cdot \begin{pmatrix} 2 \\ 3 \\ 0 \end{pmatrix}$ und $F: 3x_1 - 2x_2 + 0{,}5x_3 = 5$

f) $E: x_1 - 2x_2 - x_3 = 1$ und $F: 4x_1 - 8x_2 - 4x_3 = 2$

g) $E: 2x_1 - 3x_2 + 4x_3 = -3$ und $F: 2x_1 - 3x_2 = 5$

Aufgabe 2.4.08 Gegeben ist eine Ebenenschar $E: 2x_1 + ax_2 - 2ax_3 = 8a$, $a \in \mathbb{R}$.

a) Für welche a liegt der Punkt $P(1|8|1)$ in der Ebene?

b) Für welche a ist $g: \vec{x} = \begin{pmatrix} -2 \\ -1 \\ 3 \end{pmatrix} + r \cdot \begin{pmatrix} 2 \\ 3 \\ -6 \end{pmatrix}$, $r \in \mathbb{R}$ orthogonal zu E?

c) Bestimme a so, dass die Ebene E durch den Ursprung geht.

d) Zeige, dass jede Ebenenschar die Gerade $g: \vec{x} = \begin{pmatrix} 0 \\ 10 \\ 1 \end{pmatrix} + r \cdot \begin{pmatrix} 0 \\ 2 \\ 1 \end{pmatrix}$, $r \in \mathbb{R}$ enthält.

Aufgabe 2.4.09 Wissenstest:

		Richtig	Falsch
a)	Liegen zwei Ebenen ineinander, sind die Normalenvektoren der Ebenen linear abhängig.		
b)	Sind die beiden Normalenvektoren von zwei Ebenen linear abhängig, sind die Ebenen parallel oder identisch.		
c)	Ergibt sich beim Überprüfen der Lage von zwei Ebenen eine falsche Aussage, so liegen die Ebenen ineinander.		
d)	Ergibt das Skalarprodukt der Normalenvektoren zweier Ebenen 0, so sind die Ebenen orthogonal zueinander.		

2.4 Lagebeziehungen

Aufgabe 2.4.10 Bestimme den Winkel zwischen den beiden Vektoren bzw. zwischen den 3 Punkten bei Punkt A.

a) $\begin{pmatrix} 2 \\ 3 \\ -1 \end{pmatrix}, \begin{pmatrix} 1 \\ 2 \\ 8 \end{pmatrix}$
b) $\begin{pmatrix} -2 \\ 1 \\ 5 \end{pmatrix}, \begin{pmatrix} 3 \\ 0 \\ 2 \end{pmatrix}$
c) $A(1|0|1)$, $B(2|1|0)$, $C(0|0|1)$
d) $A(-1|1|1)$, $B(3|3|3)$, $C(2|0|-1)$

Aufgabe 2.4.11 Bestimme Schnittpunkt und Schnittwinkel der beiden Geraden.

a) $g: \vec{x} = \begin{pmatrix} 5 \\ 0 \\ 3 \end{pmatrix} + r \cdot \begin{pmatrix} 1 \\ -1 \\ 0 \end{pmatrix}, r \in \mathbb{R}$ und $h: \vec{x} = \begin{pmatrix} -1 \\ 2 \\ -1 \end{pmatrix} + s \cdot \begin{pmatrix} 2 \\ 0 \\ 2 \end{pmatrix}, s \in \mathbb{R}$

b) $g: \vec{x} = \begin{pmatrix} 1 \\ 9 \\ 4 \end{pmatrix} + r \cdot \begin{pmatrix} 0{,}5 \\ 2 \\ 1 \end{pmatrix}, r \in \mathbb{R}$ und $h: \vec{x} = \begin{pmatrix} -2 \\ -1 \\ 1 \end{pmatrix} + s \cdot \begin{pmatrix} 2 \\ 4 \\ -2 \end{pmatrix}, s \in \mathbb{R}$

Aufgabe 2.4.12 Bestimme den Winkel zwischen der Ebene und der Geraden mit $r, s, t \in \mathbb{R}$.

a) $E: 3x_1 - 2x_2 + x_3 = 5$ und $g: \vec{x} = \begin{pmatrix} 2 \\ 0 \\ 0 \end{pmatrix} + t \cdot \begin{pmatrix} 5 \\ 3 \\ -1 \end{pmatrix}$

b) $E: \vec{x} = \begin{pmatrix} 2 \\ -1 \\ 1 \end{pmatrix} + r \cdot \begin{pmatrix} 1 \\ 0 \\ 1 \end{pmatrix} + s \cdot \begin{pmatrix} -1 \\ 1 \\ 0 \end{pmatrix}$ und $g: \vec{x} = \begin{pmatrix} 3 \\ 1 \\ 0 \end{pmatrix} + t \cdot \begin{pmatrix} 1 \\ 2 \\ -1 \end{pmatrix}$

Aufgabe 2.4.13 Bestimme den Winkel zwischen den beiden Ebenen.

a) $E_1: 3x_1 + x_3 = 5$ und $E_2: -x_1 + 2x_2 + 3x_3 = 1$

b) $E_1: \vec{x} = \begin{pmatrix} 1 \\ 0 \\ 1 \end{pmatrix} + s \cdot \begin{pmatrix} 3 \\ 1 \\ 0 \end{pmatrix} + t \cdot \begin{pmatrix} -1 \\ 1 \\ 1 \end{pmatrix}, s, t \in \mathbb{R}$ und $E_2: x_1 + 2x_2 = 3$

Aufgabe 2.4.14 Ein Hausdach hat die Eckpunkte $A(0|0|5)$, $B(5|0|5)$, $C(5|8|6)$ und $D(0|8|6)$.

a) Damit der Regen richtig abfließt, muss das Dach eine Neigung α von mindestens $10°$ haben. Ist das Dach regenfest?

b) Welche Höhe müssen die Punkte C und D haben, damit das Dach genau $10°$ geneigt ist?

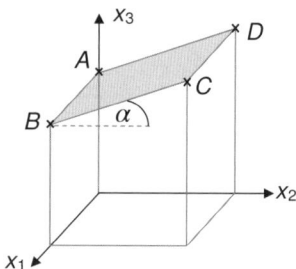

2.5 Abstände

Aufgabe 2.5.01 Berechne den Abstand der Punkte P und Q zur Geraden g. Der Abstand von P ist mit dem Lotverfahren, der von Q mit der Hilfsebene zu bestimmen.

a) $P(8|1|1)$ und $Q(-2|4|0)$, $g: \vec{x} = \begin{pmatrix} 1 \\ 0 \\ 2 \end{pmatrix} + r \cdot \begin{pmatrix} 2 \\ -1 \\ 1 \end{pmatrix}, r \in \mathbb{R}$

b) $P(4|2|5)$ und $Q(-4|-3|8)$, $g: \vec{x} = \begin{pmatrix} -3 \\ 2 \\ 3 \end{pmatrix} + r \cdot \begin{pmatrix} 1 \\ -1 \\ 1 \end{pmatrix}, r \in \mathbb{R}$

Aufgabe 2.5.02 Bestimme den Abstand der beiden parallelen Geraden mit dem Lotverfahren.

a) $g: \vec{x} = \begin{pmatrix} 0 \\ 0 \\ 1 \end{pmatrix} + r \cdot \begin{pmatrix} -2 \\ -4 \\ 1 \end{pmatrix}, r \in \mathbb{R}$ und $h: \vec{x} = \begin{pmatrix} 4 \\ 11 \\ -10 \end{pmatrix} + s \cdot \begin{pmatrix} 6 \\ 12 \\ -3 \end{pmatrix}, s \in \mathbb{R}$

b) $g: \vec{x} = \begin{pmatrix} 4 \\ 1 \\ 3 \end{pmatrix} + r \cdot \begin{pmatrix} 3 \\ 3 \\ -6 \end{pmatrix}, r \in \mathbb{R}$ und $h: \vec{x} = \begin{pmatrix} 3 \\ -2 \\ 19 \end{pmatrix} + s \cdot \begin{pmatrix} -1 \\ -1 \\ 2 \end{pmatrix}, s \in \mathbb{R}$

Aufgabe 2.5.03 Bestimme den Abstand der beiden windschiefen Geraden

$$g: \vec{x} = \begin{pmatrix} -7 \\ 3 \\ -1 \end{pmatrix} + r \cdot \begin{pmatrix} 0 \\ 2 \\ 4 \end{pmatrix}, r \in \mathbb{R} \text{ und } h: \vec{x} = \begin{pmatrix} -2 \\ -1 \\ 4 \end{pmatrix} + s \cdot \begin{pmatrix} 1 \\ 2 \\ 1 \end{pmatrix}, s \in \mathbb{R}$$

2.5 Abstände

a) mit der Hilfsebene.

b) mit dem Lotfußpunktverfahren.

Aufgabe 2.5.04 Berechne den Abstand von Punkt P zur Ebene E mit Hilfe des Lotverfahrens.

a) $P(0|-7|3)$ und $E: 2x_1 + 3x_2 - 5x_3 = 2$

b) $P(6|3|3)$ und $E: 3x_1 + 4x_3 = 5$

c) $P(2|1|-1)$ und $E: \vec{x} = \begin{pmatrix} 1 \\ 2 \\ -1 \end{pmatrix} + r \cdot \begin{pmatrix} 2 \\ 0 \\ 1 \end{pmatrix} + s \cdot \begin{pmatrix} -1 \\ 1 \\ 0 \end{pmatrix}, r, s \in \mathbb{R}$

Aufgabe 2.5.05 Gegeben ist eine Ebene $E: 3x_1 - 4x_2 = 15$ und der Punkt $P(3a|a|0)$.

a) Bestimme a so, dass der Punkt P in der Ebene liegt.

b) Bestimme a nun so, dass der Abstand von P zu E genau 1 beträgt.

Aufgabe 2.5.06 Der Drahtseilkünstler Jonas möchte ein Kunststück über einen Wasserfall machen. Dazu spannt er ein Drahtseil zwischen Punkt $A(4|0|19)$ und $B(28|32|19)$ und ein zweites zwischen Punkt $C(0|0|20)$ und $D(30|24|20)$.

a) Bestimme die Punkte, an denen sich die Seile am nächsten kommen.

b) Jonas möchte auf dem 2. Seil hin laufen, dann das Seil wechseln und auf dem 1. Seil zurückkommen. Dazu dürfen die Seile an der Stelle, die wir in a) berechnet haben, nicht weiter als 1 Meter voneinander entfernt sein. Kann Jonas die Seile wechseln?

c) Der Wasserfall kann näherungsweise durch die Ebene $E: 4x_1 - 5x_2 + x_3 = 187$ beschrieben werden. Wie weit ist Jonas nach dem Wechsel vom Wasserfall entfernt?

Aufgabe 2.5.07 Wissenstest:

		Richtig	Falsch
a)	Der kürzeste Verbindungsvektor zwischen Punkt und Gerade steht immer senkrecht zur Geraden.		
b)	Man bekommt bei der Abstandsberechnung bei jedem Verfahren immer den Lotfußpunkt raus.		
c)	Der Abstand zwischen zwei Geraden kann nur errechnet werden, wenn die beiden windschief sind.		
d)	Bei der Hesseschen Normalenform (in Koordinatenschreibweise) muss man nur einen Punkt einsetzen und erhält den Abstand des Punktes zur Ebene.		

2.6 Kreise und Kugeln

Aufgabe 2.6.01 Bestimme einen Kreis, der folgende Bedingungen erfüllt:

a) $M(3|2)$ und $r = 1$.

b) Der Kreis berührt die x- und die y-Achse jeweils bei 2.

Aufgabe 2.6.02 Gib die Koordinatenform der Kugel an, die folgende Bedingungen erfüllt:

a) Der Mittelpunkt ist im Ursprung und der Radius beträgt $\sqrt{5}$.

b) $M(3|2|-1)$ und $r = 3$.

Aufgabe 2.6.03 Bestimme die Lage des Kreises $k : (x-2)^2 + (y+1)^2 = 4$ zu

a) den Punkten $P(2|0)$, $Q(4|-1)$ und $R(1|1)$.

b) der Geraden $y = -2x + 2$.

c) der Geraden $y = x + 1$.

Aufgabe 2.6.04 Bestimme die Lage des Kreises $k : (x-5)^2 + (y+2)^2 = 9$ zu

a) den Punkten $A(3|-1)$ und $B(0|0)$.

b) der Geraden $y = -3x + 2$.

Aufgabe 2.6.05 Bestimme die Lage der Kugel $k : \left(\vec{x} - \begin{pmatrix} 1 \\ -2 \\ -1 \end{pmatrix} \right)^2 = 4$ zu

a) den Punkten $A(2|2|0)$, $B(3|-2|-1)$ und $C(2|-1|0)$

b) der Geraden $g : \vec{x} = \begin{pmatrix} 0 \\ 0 \\ -8 \end{pmatrix} + r \cdot \begin{pmatrix} 4 \\ -2 \\ 3 \end{pmatrix}, r \in \mathbb{R}$

c) der Ebene $E : 0{,}5x_1 - x_2 = 3{,}75$.

d) Bestimme eine Kugel, die außerhalb der Kugel k liegt, den Radius 1 hat und die Kugel in einem Punkt berührt.

3 Aufgaben zu Lineare Algebra

3.1 Grundlagen

Aufgabe 3.1.01 Gegeben sind die Matrizen

$$A = \begin{pmatrix} 1 & 3 \\ -1 & 2 \end{pmatrix}, B = \begin{pmatrix} 2 & 5 \\ 3 & 1 \end{pmatrix}, C = \begin{pmatrix} 3 & 1 \\ 2 & -2 \\ 0 & -1 \end{pmatrix}, D = \begin{pmatrix} 1 & 3 & 0 \\ 2 & 2 & -1 \end{pmatrix}, E = \begin{pmatrix} 2 & 2 & -2 \\ -1 & 0 & 1 \\ 3 & 1 & 1 \end{pmatrix}, F = \begin{pmatrix} 2 \\ 1 \\ -1 \end{pmatrix}$$

Berechne

a) $A + B$
b) $B - A$
c) $3 \cdot C$
d) $D \cdot F$
e) $C \cdot D$
f) $D \cdot C$
g) $C \cdot E$
h) $E \cdot F$
i) $C \cdot F$

Aufgabe 3.1.02 Wissenstest:

		Richtig	Falsch
a)	Man kann jede Matrix mit jeder anderen beliebigen Matrix multiplizieren oder addieren.		
b)	Einen Spaltenvektor kann man nur mit einer Matrix multiplizieren, wenn er rechts von der Matrix steht.		
c)	Um zwei Matrizen zu multiplizieren, muss die linke Matrix so viele Zeilen haben, wie die rechte Spalten hat.		
d)	Jedes lineare Gleichungssystem kann man als erweiterte Matrix darstellen.		

3.2 Austauschprozesse

Aufgabe 3.2.01 Eine Personengruppe wird jedes Jahr nach ihrem Lieblingsgetränk zum Frühstück gefragt. Zur Auswahl stehen Kaffee, Tee und Saft. Aus den letzten Jahren wurden folgende Beobachtungen gemacht: Von den Kaffeetrinkern trinken im darauffolgenden Jahr 80% weiter Kaffee, 10% Tee und 10% Saft. Von den Teetrinkern trinken 70% weiter Tee, 20% Kaffee und 10% Saft. Von den Safttrinkern trinken 50% weiter Saft, 30% Kaffee und 20% Tee.

a) Stelle ein Übergangsdiagramm und die dazugehörige Matrix in der Reihenfolge Kaffee K, Tee T und Saft S auf.

b) In diesem Jahr haben von 1000 Menschen 650 Kaffee, 200 Tee und 150 Saft getrunken. Wie sieht die Verteilung im nächsten Jahr und im vorherigem Jahr aus?

c) Bestimme den Fixvektor des Austauschprozesses.

Aufgabe 3.2.02 In einer Stadt gibt es drei Kaufhäuser. Das Kaufverhalten der Kunden kann durch folgende Matrix beschrieben werden:

$$M = \begin{pmatrix} 0{,}4 & 0{,}3 & a \\ 0{,}5 & 0{,}2 & b \\ 0{,}1 & 0{,}5 & c \end{pmatrix}$$

a) Erstelle ein Übergangsdiagramm und interpretiere den Matrixeintrag m_{21} im Sachzusammenhang.

b) Wie müssen a, b und c gewählt werden, damit langfristig alle Kaufhäuser im Verhältnis 1:1:2 besucht werden.

3.3 Populationsprozesse

Aufgabe 3.3.01 Der Populationsprozess einer Fliegenart kann durch drei Stufen dargestellt werden. Es gibt Eier, Larven und Fliegen. Jede Fliege bekommt durchschnittlich 50 Eier. Davon schlüpfen 10% zu Larven. Diese entwickeln sich in 20% der Fälle zu Fliegen. Jeder Prozess dauert 1 Woche.

a) Stelle ein Übergangsdiagramm und die dazugehörige Matrix auf.

b) Zum Zeitpunkt $t = 0$ gibt es in unserer Population 100 Eier, 30 Larven und 10 Fliegen. Wie ist die Population in einer Woche? Wie war sie vor einer Woche?

c) Ist die Population eine wachsende Population? Wenn nicht, gib die allgemeine stabile Verteilung an.

Aufgabe 3.3.02 Die Entwicklung einer Mäusepopulation kann durch folgendes Modell beschrieben werden: Durchschnittlich bekommt jede Maus 4 Junge. Von diesen Jungen sterben 60% innerhalb des ersten Jahres. Die anderen werden zu 62,5% geschlechtsreife Tiere und gebären wieder 4 Junge. Danach sterben sie.

a) Stelle ein Übergangsdiagramm und die dazugehörige Matrix auf.

b) Durch bessere Überlebenschancen sinkt die Sterberate der Neugeborenen Jungen von 60% auf 40%. Welche Entwicklung nimmt die Population nun langfristig an?

3.4 Produktionsprozesse

Aufgabe 3.4.01 Ein Kaffeeautomat kann drei verschiedene Kaffeesorten produzieren. Für einen normalen Kaffee benötigt er 4 Einheiten Wasser und 1 Einheit Kaffee. Für einen Latte Macchiato benötigt er 1 Einheit Wasser, 2 Einheiten Kaffee und 4 Einheiten Milch. Für einen Milchkaffee werden 2 Einheiten Wasser, 1 Einheit Kaffee und 2 Einheiten Milch benötigt.

a) Zeichne den Gozintographen, der die Herstellung dieser Kaffeesorten beschreibt und stelle die dazugehörige Matrix auf.

b) Ein Lehrer zieht für sich und seine 3 Kollegen zwei normale Kaffee, einen Latte Macchiato und einen Milchkaffee. Wie viele Einheiten Wasser, Kaffee und Milch werden benötigt?

c) Damit der Kaffeeautomat im Lehrerzimmer einen ganzen Tag nicht leer wird, müssen 40 Kaffee, 20 Latte Macchiato und 30 Milchkaffee gezogen werden können. Mit wievielen Einheiten Wasser, Kaffee und Milch muss der Automat jeden morgen befüllt werden?

Aufgabe 3.4.02 Ein Bauunternehmer stellt aus drei verschiedenen Grundstoffen G_1, G_2 und G_3 zwei verschiedene Zementarten her. Für den Zement Z_1 werden $5G_1$, $6G_2$ und $1G_3$ benötigt. Für den Zement Z_2 braucht man $4G_1$ und $3G_2$.

a) Zeichne den Gozintographen und stelle die dazugehörige Matrix auf.

b) Für eine Baustelle werden fünfmal Zement 1 und dreimal Zement 2 benötigt. Wie viele Rohstoffe muss der Bauunternehmer bestellen?

c) Für Spezialzemente S_1, S_2 und S_3 werden die beiden Zementarten gemischt. Für S_1 benötigt man $2Z_1$ und $1Z_2$, für S_2 $3Z_1$ und $1Z_2$ und für S_3 $2Z_1$ und $3Z_2$. Erweitere den Gozintographen und stelle für den zweiten Produktionsschritt die Matrix auf.

d) Wie lautet die Matrix, die beide Schritte verbindet?

e) Es werden $3S_1$, $2S_2$ und $10S_3$ benötigt. Wie viele Grundstoffe muss der Bauunternehmer bestellen?

3.5 Abbildungen

Aufgabe 3.5.01 Gib die passende Abbildungsmatrix an. Alle Punkte werden

a) an der y-Achse gespiegelt.
b) orthogonal auf die y-Achse projiziert.
c) auf den Ursprung projiziert.
d) $90°$ um den Ursprung gedreht.
e) auf die Gerade $p: x + 2y = 0$ in Richtung des Vektors $(-1\ -1)^T$ projiziert.

Aufgabe 3.5.02 Bilde die Punkte $P(1|0)$, $Q(2|2)$ und $R(-1|5)$ jeweils mit folgenden Abbildungen ab.

a) $A = \begin{pmatrix} -1 & 0 \\ 0 & 1 \end{pmatrix}$
b) $B = \begin{pmatrix} 1 & 1 \\ 1 & 2 \end{pmatrix}$
c) $C = \begin{pmatrix} 0{,}6 & -0{,}2 \\ -1{,}2 & 0{,}4 \end{pmatrix}$

Aufgabe 3.5.03 Bestimme die Bildgerade der Geraden $g: \vec{x} = \begin{pmatrix} 2 \\ 1 \end{pmatrix} + t \cdot \begin{pmatrix} -1 \\ 2 \end{pmatrix}$ mit

a) $A = \begin{pmatrix} 2 & 1 \\ 0 & 1 \end{pmatrix}$
b) $\alpha: \vec{x}' = \begin{pmatrix} 1 & 0 \\ 0 & -1 \end{pmatrix} \vec{x} + \begin{pmatrix} 3 \\ -2 \end{pmatrix}$

Aufgabe 3.5.04 Bestimme die Fixpunkte der folgenden Abbildungen oder die Fixpunktgeraden.

a) $A = \begin{pmatrix} 3 & 1 \\ 0 & -1 \end{pmatrix}$
c) $\alpha: \vec{x}' = \begin{pmatrix} 7 & 4 \\ -3 & -1 \end{pmatrix} \vec{x} + \begin{pmatrix} 6 \\ -3 \end{pmatrix}$

b) $\alpha: \vec{x}' = \begin{pmatrix} 1 & -1 \\ 5 & 1 \end{pmatrix} \vec{x} + \begin{pmatrix} 3 \\ -5 \end{pmatrix}$

Aufgabe 3.5.05 Gegeben sind folgende Abbildungen:

$$\alpha: \vec{x}' = \begin{pmatrix} 0 & -1 \\ 1 & 0 \end{pmatrix} \vec{x} \quad \text{und} \quad \beta: \vec{x}' = \begin{pmatrix} 1 & 0 \\ 0 & 0 \end{pmatrix} \vec{x}$$

a) Verkette die Abbildungen so, dass erst α und dann β ausgeführt wird.
b) Verkette die Abbildungen so, dass erst β und dann α ausgeführt wird.
c) Gibt es einen Unterschied?

Aufgabe 3.5.06 Finde eine Abbildung der Form $M = \begin{pmatrix} a & b \\ c & d \end{pmatrix}$ die A auf A' und B auf B' abbildet.

a) $A(1|1)$, $A'(2|2)$, $B(3|2)$ und $B'(6|5)$.
b) $A(0|2)$, $A'(-2|0)$, $B(-1|1)$ und $B'(-4|-1)$.

4 Aufgaben zu Stochastik

4.1 Grundlagen

Aufgabe 4.1.01 Nenne den Ergebnisraum von folgenden Experimenten:

a) Eine Münze wird geworfen.

b) Aus einer Schale mit roten, blauen und gelben Kugeln wird einmal gezogen.

c) Aus einer Schale mit roten und blauen Kugeln wird zwei mal gezogen.

Aufgabe 4.1.02 Nenne ein Beispiel für ein sicheres und ein unmögliches Ereignis beim zweimaligen Würfeln.

Aufgabe 4.1.03 Zeichne folgende Situationen in ein Venn-Diagramm.

a) $(A \cap B) \cap C$ b) $(A \cup B) \setminus C$ c) $(A \cap B) \cup C$

Aufgabe 4.1.04 Wissenstest:

		Richtig	Falsch
a)	Die Wahrscheinlichkeiten eines Experimentes müssen sich zu 1 addieren.		
b)	Die Gegenwahrscheinlichkeit eines Ereignisses ist immer 1 minus die Wahrscheinlichkeit des Ereignisses.		
c)	Wenn wir zwei Wahrscheinlichkeiten addieren, können wir sie immer einfach zusammen rechnen.		

Aufgabe 4.1.05 Bestimme die Wahrscheinlichkeit für folgendes Ereignis nach Laplace. Stelle zunächst den Ergebnisraum und die Ereignisse dar.

a) 1x Kopf und 1x Zahl bei 2 Münzwürfen.

b) Eine Primzahl beim Werfen eines Würfels.

c) Eine zweistellige Zahl bei der Ziehung aus einer Urne, die die Zahlen 1-20 enthält.

4.2 Baumdiagramme

Aufgabe 4.2.01 Eine gezinkte Münze fällt zu 75% auf Kopf und zu 25% auf Zahl. Die Münze wird 2 Mal geworfen. Erstelle ein Baumdiagramm.

Aufgabe 4.2.02 Ein Glücksrad, das zu einem Viertel rot und zu drei Vierteln blau ist, wird zwei Mal gedreht.

a) Stelle ein Baumdiagramm für das Problem auf.

b) Berechne die Wahrscheinlichkeit, dass zwei Mal rot gedreht wird.

c) Berechne die Wahrscheinlichkeit, dass mindestens ein Mal blau gedreht wird.

Aufgabe 4.2.03 In einer Klasse sind 8 Mädchen und 12 Jungs. 3 Schüler werden nach vorne gerufen.

a) Stelle ein Baumdiagramm auf.

b) Berechne die Wahrscheinlichkeit dafür, dass alle, die vorne stehen, Jungs sind.

Aufgabe 4.2.04 Daniel macht auf seiner Geburtstagsfeier eine Tombola mit 20 Losen. Darunter befinden sich 2 Gewinne G und 8 Trostpreise T. Der Rest sind Nieten N.

a) Wie wahrscheinlich ist es, dass die ersten beiden gezogenen Lose die beiden Gewinne sind?

b) Wenn der Fall eintritt, dass in den ersten beiden Losen beide Gewinne gezogen werden, wie wahrscheinlich ist es, dass das dritte Los ein Trostpreis ist?

c) Bestimme die Gesamtwahrscheinlichkeit des in b) beschriebenen Ereignisses.

4.3 Kombinatorik

Aufgabe 4.3.01 Wie viele Möglichkeiten gibt es?

a) Bei einem Gewinnspiel im Fernsehen muss man einen 7-stelligen Code erraten.

b) 10 Schüler werden auf 10 Plätze gesetzt.

c) 3 Schüler werden auf 6 Plätze gesetzt.

d) 2 rote und 3 blaue Kugeln werden in 5 Löchern versenkt.

e) In einer Lotto-Ziehung werden 5 Zahlen aus 30 gezogen. Sie werden dabei nicht zurückgelegt.

f) Die Zahlen 2, 2, 5 und 8 werden zu verschiedenen Zahlen zusammengesetzt.

g) Bei einer Lottoziehung werden 4 aus 20 Nummern gezogen. Dabei werden die Zahlen zurückgelegt und die Zahlen 1134 sind z.B. das Gleiche wie 3411.

h) 5 Äpfel werden auf 3 Kursteilnehmer verteilt.

i) Wie viele, auch sinnlose Worte, lassen sich aus den Buchstaben des Wortes StudyHelp bilden?

4.4 Bedingte Wahrscheinlichkeit und Unabhängigkeit

Aufgabe 4.4.01 Ergänze die folgende Vierfeldertafel und berechne die Wahrscheinlichkeit $P(A|B)$.

	A	$\overline{A}$	$\sum$
B	20%		40%
$\overline{B}$		20%	
$\sum$	60%		

Aufgabe 4.4.02 In einer Bevölkerungsgruppe sind 1% an einer Krankheit erkrankt. Ein Test zeigt bei einem Erkrankten zu 90% an, dass er tatsächlich krank ist und einem Gesunden, dass er zu 99% gesund ist.

a) Stelle das Problem als Baumdiagramm und als 4-Feldertafel dar.

b) Wenn das Testergebnis positiv ist, wie wahrscheinlich ist es dann, dass der Getestete krank ist?

Aufgabe 4.4.03 In Beutel A befinden sich 2 weiße und 4 schwarze Kugeln. In Beutel B befinden sich 1 schwarze und 4 weiße Kugeln. Wir wählen zufällig einen Beutel aus und ziehen einmal.

a) Eine weiße Kugel wird gezogen. Wie wahrscheinlich ist es, dass der Beutel A ausgewählt wurde?

b) Wie wahrscheinlich ist es, dass Beutel B genommen wurde?

Aufgabe 4.4.04 Ein Schüler fährt an 70% der Tage mit der S-Bahn zur Schule. In 60% der Fälle ist er damit pünktlich. Insgesamt erscheint er an 80% der Tage pünktlich zum Unterricht. Diesen morgen ist er pünktlich gewesen. Wie wahrscheinlich hat er die Bahn bekommen?

Aufgabe 4.4.05 In einer Produktionsanlage werden Schalter von zwei Maschinen hergestellt. Maschine A produziert 40% der Schalter, die zu 90% funktionieren. Insgesamt sind 95% der Schalter einwandfrei. Ein geprüfter Schalter ist defekt. Wie wahrscheinlich ist es, dass er von Maschine A stammt?

Aufgabe 4.4.06 Von einer Fußballmannschaft machen 30% der Spieler auch eine andere Sportart. 20% der Spieler spielen ein Musikinstrument. 14% der Spieler machen Musik, treiben jedoch keinen anderen Sport.

a) Erstelle eine 4-Feldertafel mit den Einträgen Sport S, kein Sport $\overline{S}$, Musik M und keine Musik $\overline{M}$.

b) Prüfe, ob die Wahrscheinlichkeiten unabhängig sind.

c) Wie hoch ist die Wahrscheinlichkeit, dass ein Spieler keinen Sport macht, wenn er ein Musikinstrument spielt?

Aufgabe 4.4.07 Die gegnerische Fußballmannschaft stellt fest, dass bei Ihnen sogar 45% noch anderen Sport treiben, hingegen nur 15% ein Instrument spielen. Nur 5% spielen ein Instrument und treiben noch eine andere Sportart.

a) Stelle eine 4-Feldertafel auf.

b) Stelle ein vollständiges Baumdiagramm auf, bei dem Sport die erste Stufe darstellt. Teste dazu, ob die Wahrscheinlichkeiten unabhängig voneinander sind und rechne die bedingten Wahrscheinlichkeiten aus, falls die Spieler einen anderen Sport treiben oder nicht.

4.5 Spezielle diskrete Verteilungen

Aufgabe 4.5.01 Eine Münze wird 3 mal geworfen mit dem Ziel, möglichst häufig Zahl zu treffen. Beschreibe die Elementarereignisse, die Realisationen und die dazugehörigen Wahrscheinlichkeiten in Form einer Tabelle.

Aufgabe 4.5.02 Sind folgende Zufallsvariablen diskret?

		Ja	Nein
a)	Die Anzahl von gelben Karten in einem Fußballspiel.		
b)	Die Nachspielzeit in einem Fußballspiel.		
c)	Eine zufällige natürliche Zahl.		
d)	Eine zufällige reelle Zahl zwischen 0 und 1.		

Aufgabe 4.5.03 In einer Urne sind 6 Kugeln mit den Zahlen 1, 1, 2, 3, 4 und 4.

a) Bestimme den Träger/Ergebnisraum der Zufallsvariablen.

b) Zeichne die Wahrscheinlichkeitsfunktion $P(x)$.

c) Zeichne die Verteilungsfunktion $F(x)$

Aufgabe 4.5.04 Das Werfen eines Würfels ist ein Zufallsexperiment mit 6 möglichen Ergebnissen. Wie kann man das als Bernoulli-Experiment darstellen? Gib 2 Beispiele an.

Aufgabe 4.5.05 Sind folgende Experimente Bernoulli-Experimente?

		Ja	Nein
a)	Kopf bei einem Münzwurf.		
b)	Würfel Werfen bei *Mensch ärgere dich nicht*.		
c)	Aus dem Häuschen rauskommen bei *Mensch ärgere dich nicht*.		
d)	Ein medizinischer Test testet ob man mit HIV infiziert ist.		

Aufgabe 4.5.06 Ein Bogenschütze trifft mit 40%iger Wahrscheinlichkeit die 10. Er schießt in jedem Durchgang 3 Pfeile ab.

4.5 Spezielle diskrete Verteilungen

a) Wie wahrscheinlich ist es, dass er 3x die 10 trifft?

b) Wie wahrscheinlich ist es, dass er mindestens 1x die 10 trifft?

Aufgabe 4.5.07 In einer Maschine werden Schrauben produziert. 3% davon sind fehlerhaft. Wie wahrscheinlich sind unter 20 Schrauben

a) 4 defekte Schrauben?   b) höchstens 2 defekte Schrauben?

Aufgabe 4.5.08 In einer Urne befinden sich 5 weiße und 3 schwarze Kugeln. Wir ziehen 5x nacheinander mit Zurücklegen.

a) Welche Verteilungsfunktion beschreibt das Zufallsexperiment? Bestimme den Erwartungswert für weiße Kugeln und die Standardabweichung.

b) Wie groß sind die Wahrscheinlichkeiten für 1, 3 oder 5 weiße Kugeln?

Aufgabe 4.5.09 Aus einem Beutel werden 100 Kugeln gezogen. 20% der Kugeln sind weiß. Bestimme die Wahrscheinlichkeit für

a) mindestens 15 weiße Kugeln,

b) höchstens 20 weiße Kugeln und

c) mehr als 20 aber weniger als 30 weiße Kugeln.

Aufgabe 4.5.10 Daniel schreibt in seinem Studium eine Multiple-Choice-Klausur und hat keine Ahnung von dem Thema. Die Klausur hat 20 Fragen mit je 4 Antwortmöglichkeiten. Mindestens 10 Antworten müssen richtig sein, um zu bestehen.

a) Wie groß ist die Wahrscheinlichkeit, dass Daniel besteht?

b) Wie stark erhöht sich die Wahrscheinlichkeit, wenn er immer zwei Antworten ausschließen kann?

c) Mit welcher Wahrscheinlichkeit erreicht er dann 15 oder mehr richtige Antworten und somit eine 2,0 oder besser?

Aufgabe 4.5.11 Eine Briefmarke wurde in 1% der Fälle fehlerhaft gedruckt und ist deswegen sehr wertvoll. Wie viele Briefmarken muss man kaufen, damit zu 90% eine fehlerhafte Marke dabei ist?

Aufgabe 4.5.12 Die Wahrscheinlichkeit, dass bei der Fußball-Nationalmannschaft ein Elfmeter verwandelt wird, beträgt im Mittel 80%.

a) Wie viele Elfmeter müssen geschossen werden, damit zu 95% ein Fehlschuss dabei ist?

b) Die Wahrscheinlichkeit der Trefferquote ist nun unbekannt. Wie groß muss sie sein, damit bei 5 Elfmetern zu 80% kein Fehlschuss dabei ist?

Aufgabe 4.5.13 Ein Würfel wird 100x geworfen. Wir interessieren uns nur dafür, ob eine 6 geworfen wird oder nicht. Bestimme den Bereich, der symmetrisch um den Erwartungswert liegt und bei dem die Wahrscheinlichkeit höchstens 90% beträgt.

Aufgabe 4.5.14 Aus einer Urne mit 4 roten und 6 blauen Kugeln wird 5 Mal ohne Zurücklegen gezogen.

a) Berechne den Erwartungswert und die Standardabweichung für rote Kugeln.

b) Berechne die Wahrscheinlichkeit für 3 rote Kugeln.

Aufgabe 4.5.15 In einer Kiste mit 20 Batterien befinden sich 8 volle und 12 leere Batterien.

a) Bestimme die Wahrscheinlichkeit, dass unter 4 entnommenen Batterien 2 volle dabei sind.

b) Bestimme die Wahrscheinlichkeit dafür, dass bei 4 entnommenen Batterien keine volle dabei ist.

4.6 Spezielle stetige Verteilungen

Aufgabe 4.6.01 An einem Frühlingstag sagt der Wetterbericht eine Höchsttemperatur von 21 Grad voraus. Die Unsicherheit liegt bei 1 Grad.

a) Stelle die Wahrscheinlichkeitsfunktion auf, so dass die Wahrscheinlichkeit normiert ist.

b) Berechne die Wahrscheinlichkeit dafür, dass es zwischen 20 und 21 Grad wird.

Aufgabe 4.6.02 Die Verspätung eines Zuges kann durch folgende Dichtefunktion

$$f(x) = \begin{cases} 0{,}5 - 0{,}125x & \text{, für } 0 \leq x \leq 4 \\ 0 & \text{, sonst} \end{cases}$$

beschrieben werden.

a) Bestimme den Erwartungswert und die Standardabweichung.

b) Wie wahrscheinlich ist es, dass der Zug genau 1 Minute Verspätung hat?

c) Wie wahrscheinlich ist es, dass der Zug zwischen 2 und 3 Minuten verspätet ist?

Aufgabe 4.6.03 Lies folgende Werte aus der passenden Tabelle ab:

a) $\Phi(0{,}51)$ b) $\Phi(0{,}04)$ c) $\Phi(-2{,}3)$ d) $\Phi(-1{,}31)$

Aufgabe 4.6.04 Das Gewicht von Schäferhunden sei normalverteilt mit $\mu = 30$ kg und $\sigma = 5$ kg.

a) Gib die Wahrscheinlichkeit an, dass ein zufällig ausgewählter Hund schwerer als 35 kg ist.

4.6 Spezielle stetige Verteilungen

b) Bestimme die Wahrscheinlichkeit, dass ein Hund zwischen 20 und 35 kg wiegt.

c) Ein Hund ist schwerer als 99% seiner Artgenossen. Wie schwer ist er mindestens?

Aufgabe 4.6.05 Die Körpergröße von Neugeborenen ist normalverteilt. Dabei ist μ = 52 cm und σ = 2 cm.

a) Wie viel Prozent der Neugeborenen sind höchstens 48 cm groß?

b) Wie viele Neugeborenen sind größer als 57 cm?

c) Bei wie viel Prozent weicht die Körpergröße um nicht mehr als 3 cm vom Erwartungswert ab?

d) Welche Körpergröße wird von 10% der Neugeborenen überschritten?

Aufgabe 4.6.06 Bestimme folgende Quantile:

a) 25%-Quantil für $X \sim N(10; 2)$

b) 90%-Quantil für $X \sim N(100; 10)$

c) 99,7%-Quantil für $X \sim N(1000; 500)$

Aufgabe 4.6.07 Folgende Beispiele sind binomialverteilt:

i) Eine gezinkte Münze zeigt zu 60% Kopf und wird 100x geworfen.

ii) Ein Würfel wird 10x geworfen. Gültig ist der Wurf nur bei einer 6.

iii) Ein Multiple-Choice-Test mit je 3 Antwortmöglichkeiten besitzt 50 Fragen.

iv) Bei einer Produktion von 500 Smartphones sind 5 fehlerhaft.

Bearbeite die folgenden Aufgaben:

a) Teste, ob die Wahrscheinlichkeitsfunktion mit Hilfe der Normalverteilung angenähert werden kann.

b) Falls dies nicht der Fall ist, bestimme, ab wie vielen Wiederholungen die Normalverteilung eine ausreichend genaue Annäherung darstellt.

4.7 Hypothesentests

Aufgabe 4.7.01 Wissenstest:

		Richtig	Falsch
a)	Die Alternativhypothese H_1 ersetzt nach einem Hypothesentest immer die Nullhypothese H_0.		
b)	Die Alternativhypothese H_1 widerspricht immer der Nullhypothese H_0.		
c)	Der Hypothesentest aus einer Stichprobe lässt einen eindeutigen Rückschluss auf die Gesamtheit zu.		
d)	Bei einem beidseitigem Hypothesentest wird getestet, ob sich eine Testgröße, welche in H_0 angenommen wird, vergrößert hat.		

Aufgabe 4.7.02 Stelle die H_0- und die H_1-Hypothese auf.

a) Der Bürgermeister hat bei der letzten Wahl 50% der Stimmen bekommen. Er möchte herausfinden, ob er seine Stimmanteile bei dieser Wahl noch ausbauen konnte.

b) In der Schülerzeitung wird eine Umfrage zur Einführung einer Schuluniform eingeführt. Daniel geht davon aus, dass 40% dafür sind. Carlo behauptet, dass 60% zustimmen werden.

c) Ein vermutetes Teilchen in der Physik soll nachgewiesen werden.

Aufgabe 4.7.03 Wissenstest:

		Richtig	Falsch
a)	Eine Umfrage von 50 Personen besitzt immer die Testgröße von $X = 50$.		
b)	Das festgelegte Signifikanzniveau bestimmt den Ablehnungs- und Annahmebereich.		
c)	Wird eine Hypothese beidseitig geprüft, so gibt es zwei Ablehnungsbereiche.		
d)	Bei Hypothesentests wird bei Kommazahlen immer auf die nächste kleinere Zahl abgerundet.		

Aufgabe 4.7.04 Beschreibe den Fehler erster und zweiter Art qualitativ.

a) Ein Angeklagter im Gericht wird verurteilt oder nicht.

b) Eine Maschine produziert 5% Ausschussware. Es wird ein Test durchgeführt, da vermutet wird, dass die Maschine inzwischen mehr Ausschuss produziert.

c) Ein neues Medikament gegen Heuschnupfen soll 60% der Menschen helfen. Der Vorgänger hat nur 40% geholfen. Es wird ein Test durchgeführt um die Wirksamkeit des neuen Medikamentes nachzuweisen.

4.7 Hypothesentests

Aufgabe 4.7.05 Bei einem Bürgerentscheid soll über ein Projekt entschieden werden. Die Stadt rechnet mit einer Zustimmung von mindestens 70%. Die Gegner des Vorhabens wollen prüfen, ob die Zustimmung darunter liegt. Bei einer Befragung von 140 Bürgern sind 81 Personen für das geplante Vorhaben. Können die Gegner des Projekts mit einer Irrtumswahrscheinlichkeit von 5% behaupten, dass der Prozentsatz der Befürworter niedriger ist?

Aufgabe 4.7.06 Bei einer Kommunalwahl in einem Dorf geht der Bürgermeister davon aus, dass seine Partei X 30% Zustimmung bekommt. Um dies zu überprüfen macht er eine Stichprobe mit 100 Bürgern. Dabei stellt er fest, dass 36 Bürger seine Partei unterstützen. Das Signifikanzniveau beträgt 5%. Kann H_0 verworfen werden? Wie groß ist der Fehler 1. und 2. Art, wenn tatsächlich 40% der Bürger Partei X unterstützen?

Aufgabe 4.7.07 Es wird angenommen, dass 30% der Menschen in Deutschland Blutgruppe A haben. Bei einer Stichprobe von 20 Menschen hatten 6 Blutgruppe A. Führe einen beidseitigen Hypothesentest mit einem Signifikanzniveau von 10% durch.

Aufgabe 4.7.08 In einer Stadt liegt der Anteil an weitsichtigen Personen laut Statistik bei maximal 30%. Nun soll getestet werden, ob der Anteil in Wirklichkeit höher liegt. Das Signifikanzniveau soll 10 Prozent betragen.

a) Formuliere die beiden Hypothesen für einen Signifikanztest. Erläutere im Sachzusammenhang die Fehler, die auftreten können.

b) Bestimme den Annahme- und Ablehnungsbereich, wenn 100 Menschen befragt werden.

c) Berechne den Fehler 2. Art, wenn tatsächlich 40% weitsichtig sind.

Teil I

Musterlösungen

A zu Analysis

Grundlagen

zu Aufgabe 1.1.01

a) $\frac{2}{4} + \frac{3}{4} = \frac{2+3}{4} = \frac{5}{4}$

b) $\frac{2}{3} + \frac{3}{4} = \frac{2}{3} \cdot \frac{4}{4} + \frac{3}{4} \cdot \frac{3}{3} = \frac{8}{12} + \frac{9}{12} = \frac{17}{12}$

c) $\frac{1}{6} \cdot \frac{2}{3} = \frac{1 \cdot 2}{6 \cdot 3} = \frac{2}{18} = \frac{1}{9}$

d) $\frac{4}{5} \cdot \frac{8}{10} = \frac{4 \cdot 8}{5 \cdot 10} = \frac{32}{50} = \frac{16}{25}$

e) $\frac{3}{6} : \frac{6}{10} = \frac{3}{6} \cdot \frac{10}{6} = \frac{3 \cdot 10}{6 \cdot 6} = \frac{30}{36} = \frac{5}{6}$

f) $\frac{3}{4} : \frac{4}{5} = \frac{3}{4} \cdot \frac{5}{4} = \frac{3 \cdot 5}{4 \cdot 4} = \frac{15}{16}$

g) $\frac{2}{6} - \frac{1}{5} = \frac{2}{6} \cdot \frac{5}{5} - \frac{1}{5} \cdot \frac{6}{6} = \frac{10}{30} - \frac{6}{30} = \frac{2}{15}$

h) $\frac{4}{5} - \frac{2}{7} = \frac{4}{5} \cdot \frac{7}{7} - \frac{2}{7} \cdot \frac{5}{5} = \frac{28}{35} - \frac{10}{35} = \frac{18}{35}$

zu Aufgabe 1.1.02

a) $2 \cdot (x - 3) = 2x + 2 \cdot (-3) = 2x - 6$

b) $(3x + 5) \cdot (2 - x) = 3x \cdot 2 + 5 \cdot 2 + 3x \cdot (-x) + 5 \cdot (-x) = -3x^2 + x + 10$

c) $(3+x) \cdot (2-x) + x \cdot (x+2) - (3x-2) = 3 \cdot 2 + 3 \cdot (-x) + x \cdot 2 + x \cdot (-x) + x \cdot x + x \cdot 2 - 3x + 2 = -2x + 8$

d) $3x \cdot (x^2 + 4) = 3x \cdot x^2 + 3x \cdot 4 = 3x^3 + 12x$

e) $(2x^2 + x) \cdot (4xy + 3) = 2x^2 \cdot 4xy + 2x^2 \cdot 3 + x \cdot 4xy + x \cdot 3 = 8x^3y + 6x^2 + 4x^2y + 3x$

zu Aufgabe 1.1.03

a) $(3 + x)^2 = 3^2 + 2 \cdot 3 \cdot x + x^2 = x^2 + 6x + 9$

b) $(3 - x)^2 = 3^2 + 2 \cdot 3 \cdot (-x) + (-x)^2 = x^2 - 6x + 9$

c) $(3 - x) \cdot (3 + x) = 9 - x^2$

d) $3 \cdot (x + y)^2 = 3 \cdot (x^2 + 2xy + y^2) = 3x^2 + 6xy + 3y^2$

zu Aufgabe 1.1.04

a) $x^2 - 6x + 9 = (x - 3)^2$

b) $4x^2 - 16 = (2x - 4)(2x + 4)$

c) $2x^2 - 8x + 8 = 2 \cdot (x^2 - 4x + 4) = 2(x - 2)^2$

d) $4x^2 - 12x + 9 = (2x - 3)^2$

zu Aufgabe 1.1.05

a) $3x^2 + x = x(3x + 1)$

b) $6x^2y + 3xy^2 = 3xy(2x + y)$

c) $10x^4 - 5x^2 = 5x^2(2x^2 - 1)$

d) $5x + 5y = 5(x + y)$

e) $10x^2 + 8y^2x = 2x(5x + 4y^2)$

f) $xyz + x^2y + 3xy^2 = xy(z + x + 3y)$

zu Aufgabe 1.1.06

a) $x^3 \cdot x^5 = x^{3+5} = x^8$

b) $x^3 \cdot x^{-2} = x^{3-2} = x$

c) $\frac{x^2}{x^5} = x^2 \cdot x^{-5} = x^{2-5} = x^{-3}$

d) $(x \cdot y)^3 = x^3 \cdot y^3$

e) $\sqrt{xy} = \sqrt{x} \cdot \sqrt{y}$

f) $(x^2)^3 = x^{2\cdot3} = x^6$

g) $\sqrt[3]{x\sqrt{y}} = \sqrt[3]{x} \cdot \sqrt[3]{\sqrt{y}} = \sqrt[3]{x} \cdot \sqrt[6]{y}$

h) $\frac{\sqrt[3]{x^2}}{6x} = \frac{1}{6}x^{2/3} \cdot x^{-1} = \frac{1}{6}x^{-1/3}$

i) $(x \cdot x \cdot x \cdot y^6 \cdot z^3)^{2/3} = (x^3 y^6 z^3)^{2/3} = x^2 y^4 z^2$

j) $\frac{x^2 \cdot y^{-4} \cdot z^5}{x^{-2} \cdot y^{-2} \cdot z^3} = x^2 x^2 y^{-4} y^2 z^5 z^{-3} = x^4 y^{-2} z^2$

k) $\sqrt[3]{a^{2x}b^{9x}\sqrt[6]{a^{24x}}} = \sqrt[3]{a^{2x}b^{9x}a^{4x}} = a^{2x}b^{3x}$

Funktionen

zu Aufgabe 1.2.01 a) richtig b) falsch c) falsch d) richtig

zu Aufgabe 1.2.02

a) $f(x) = x^2$

- Spiegeln an der x-Achse: $g(x) = -f(x) = -x^2$
- Strecken um den Faktor 2: $h(x) = 2 \cdot g(x) = -2x^2$
- Verschieben um 2 nach rechts: $i(x) = h(x - 2) = -2(x - 2)^2 = -2x^2 + 8x - 8$

b) $f(x) = 3x^2 + x$

- Verschieben um 2 nach oben: $g(x) = f(x) + 2 = 3x^2 + x + 2$
- Verschieben um 1 nach links:
  $h(x) = g(x + 1) = 3(x + 1)^2 + (x + 1) + 2 = 3x^2 + 7x + 6$
- Spiegeln an der y-Achse:
  $i(x) = h(-x) = 3(-x)^2 + 7(-x) + 6 = 3x^2 - 7x + 6$

zu Aufgabe 1.2.03

a) $f^{-1}(x) = \frac{1}{3}x - \frac{4}{3}$

b) $f^{-1}(x) = \sqrt[3]{2x}$

c) $f^{-1}(x) = x^5$

d) $f^{-1}(x) = \frac{1}{2} \cdot (\ln(x) + \ln(\frac{1}{5}))$

e) $f^{-1}(x) = e^{\frac{1}{2}x - \frac{5}{2}}$

zu Aufgabe 1.2.04

a) Die Funktion, die durch den Ursprung geht, ist $f(x)$.

b) Die anderen beiden Funktionen sind lediglich Verschiebungen der Funktion $f(x)$ und lauten:
$g(x) = 4(x-2)e^{-(x-2)^2}$ und $h(x) = 4(x+1)e^{-(x+1)^2}$.

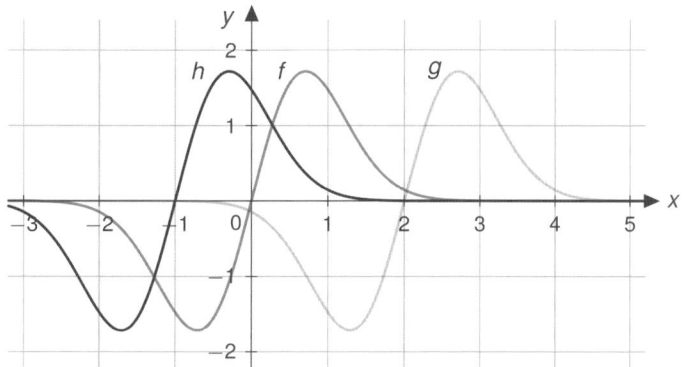

c) Die Ableitung $f'(x) = e^{-x^2}(4 - 8x^2)$ ist der unteren Abbildung zu entnehmen. Die Ableitung muss hier nicht berechnet werden! Es soll lediglich der grobe Verlauf gezeichnet werden. Wie das geht? Eine Wendestelle der Funktion ist eine Extremstelle der Ableitung etc.

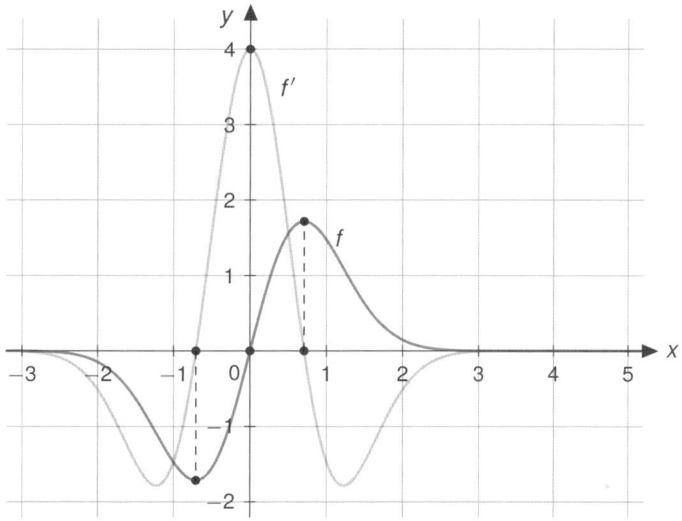

d) Funktionenschar: $f_t(x) = f(x-t) = 4(x-t)e^{-(x-t)^2}$

Gleichungen lösen

zu Aufgabe 1.3.01

a) $3x + 4 = -2 \quad |-4$
$\Leftrightarrow \quad 3x = -6 \quad |:3$
$\Leftrightarrow \quad x = -2$

b) $-2x + 16 = 0 \quad |-16$
$\Leftrightarrow \quad -2x = -16 \quad |:(-2)$
$\Leftrightarrow \quad x = 8$

zu Aufgabe 1.3.02

a) $\quad x^2 = 4 \quad |\sqrt{}$
$\Leftrightarrow x_1 = 2 \land x_2 = -2$

b) $\quad x^2 - 9 = 0 \quad |+9$
$\Leftrightarrow \quad x^2 = 9 \quad |\sqrt{}$
$\Leftrightarrow x_1 = 3 \land x_2 = -3$

c) $\quad 2x^2 + 8 = 0 \quad |-8$
$\Leftrightarrow \quad 2x^2 = -8 \quad |\sqrt{} \, \text{\textonehalf}$

d) $\quad 3x^3 + 81 = 0 \quad |-81 \, |:3$
$\Leftrightarrow \quad x^3 = -27 \quad |\sqrt[3]{}$
$\Leftrightarrow \quad x = -3$

zu Aufgabe 1.3.03

a) $\quad x^2 + 3x = 0$
$\Leftrightarrow x(x+3) = 0$
$\Leftrightarrow x = 0 \lor x + 3 = 0$
$\Leftrightarrow x_1 = 0 \land x_2 = -3$

b) $\quad x^7 - x^6 = 0$
$\Leftrightarrow x^6(x-1) = 0$
$\Leftrightarrow x^6 = 0 \lor x - 1 = 0$
$\Leftrightarrow x_1 = 0 \land x_2 = 1$

c) $\quad 2x^4 - 8x^2 = 0$
$\Leftrightarrow 2x^2(x^2 - 4) = 0$
$\Leftrightarrow 2x^2 = 0 \lor x^2 - 4 = 0$
$\Leftrightarrow x_1 = 0 \land x_2 = 2 \land x_3 = -2$

d) $\quad x^3 - 4x = 0$
$\Leftrightarrow x(x^2 - 4) = 0$
$\Leftrightarrow x = 0 \lor x^2 - 4 = 0$
$\Leftrightarrow x_1 = 0 \land x_2 = 2 \land x_3 = -2$

zu Aufgabe 1.3.04

a) $\quad x^2 - 4x - 12 = 0 \quad |pq$
$\quad x_1 = 6 \land x_2 = -2$

b) $\quad -0{,}5x^2 + 2x + 16 = 0 \quad |:(-0{,}5)$
$\Leftrightarrow \quad x^2 - 4x - 32 = 0 \quad |pq$
$\quad x_1 = 8 \land x_2 = -4$

c) $\quad 4x^2 + 4x + 8 = 0 \quad |:4$
$\Leftrightarrow \quad x^2 + x + 2 = 0 \quad |pq \, \text{\textonehalf}$

d) $\quad 0{,}25x^2 + 0{,}5x - 2 = 0 \quad |:0{,}25$
$\Leftrightarrow \quad x^2 + 2x - 8 = 0 \quad |pq$
$\quad x_1 = 2 \land x_2 = -4$

zu Aufgabe 1.3.05

a) $\quad 2x^4 - 8x^2 - 24 = 0 \quad |x^2 = z$
$\Rightarrow \quad 2z^2 - 8z - 24 = 0 \quad |:2$
$\Leftrightarrow \quad z^2 - 4z - 12 = 0 \quad |pq$
$\quad z_1 = 6 \land z_2 = -2$
$\quad x_{1,2} = \pm\sqrt{6} \land x_{3,4} = \pm\sqrt{-2} \, \text{\textonehalf}$

b) $\quad 0{,}25x^4 - 3x^2 + 5 = 0 \quad |x^2 = z$
$\Rightarrow \quad 0{,}25z^2 - 3z + 5 = 0 \quad |:0{,}25$
$\Leftrightarrow \quad z^2 - 12z + 20 = 0 \quad |pq$
$\quad z_1 = 10 \land z_2 = 2$
$\quad x_{1,2} = \pm\sqrt{10} \land x_{3,4} = \pm\sqrt{2}$

zu Aufgabe 1.3.06

a) $x_1 = -1$, $x_2 = 0,5$, $x_3 = -4$

b) $x_1 = 2$, $x_2 = -1$, $x_3 = 3$

zu Aufgabe 1.3.07 Die Nullstelle liegt ungefähr bei

a) $x \approx -0,96$.

b) $x \approx 0,69$.

zu Aufgabe 1.3.08

$$\begin{array}{rrcll}
\text{a)} & e^x - 2 &=& 0 & |+2 \\
\Leftrightarrow & e^x &=& 2 & |\ln \\
\Leftrightarrow & x &=& \ln(2) &
\end{array}$$

$$\begin{array}{rrcll}
\text{b)} & 2x \cdot e^x &=& 0 & \\
\Rightarrow & 2x = 0 \;\vee\; e^x &=& 0 \;\notin& \\
\Leftrightarrow & x &=& 0 &
\end{array}$$

$$\begin{array}{rrcll}
\text{c)} & (x^2 - 4x + 3) \cdot (e^x - 1) &=& 0 & \\
\Rightarrow & x^2 - 4x + 3 = 0 \;\vee\; e^x - 1 &=& 0 & \\
& x_1 = 3 \wedge x_2 = 1 \;\Leftrightarrow\; e^x &=& 1 & \\
& \Leftrightarrow\; x_3 &=& 0 &
\end{array}$$

$$\begin{array}{rrcll}
\text{d)} & 2e^{2x} - e^x &=& 0 & |+e^x \\
\Leftrightarrow & 2e^{2x} &=& e^x & |\ln \\
\Leftrightarrow & \ln(2e^{2x}) &=& \ln(e^x) & \\
\Leftrightarrow & \ln(2) + 2x &=& x & |-x\;|-\ln(2) \\
\Leftrightarrow & x &=& -\ln(2) &
\end{array}$$

Ableiten

zu Aufgabe 1.4.01 mit *N* als Nullstelle, *E* als Extremstelle und *W* als Wendestelle:

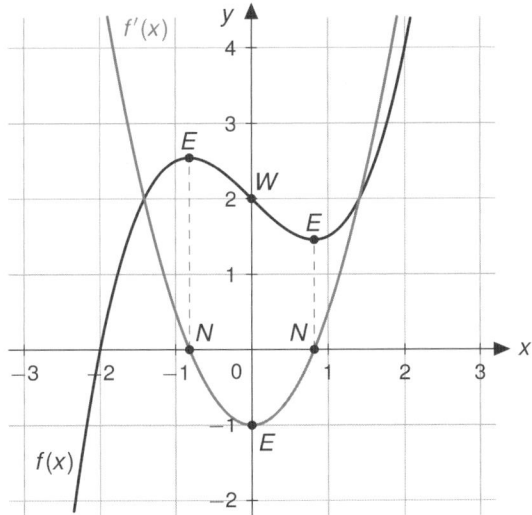

zu Aufgabe 1.4.02

a) $f'(x) = 2x$

b) $f'(x) = 5$

c) $f'(x) = 0$

d) $f'(x) = 6x^2 + 3$

e) $f'(x) = 3x^{1/2}$

f) $f'(x) = \frac{1}{2\sqrt{x}}$

g) $f'(x) = -2x^{-3} + 2x$

h) $f'(x) = \frac{2}{3}x^{-1/3} - x^{-2} + 3x^2$

zu Aufgabe 1.4.03

a) $f'(x) = 18x(3x^2 + 4)^2$

b) $f'(x) = (3x + \frac{1}{2})(3x^2 + x)^{-1/2}$

c) $f'(x) = (4x + 1)e^{2x^2+x}$

d) $f'(x) = \frac{2}{2x+3}$

e) $f'(x) = 5(2ax + b)(ax^2 + bx)^4$

f) $f'(x) = -e^{-x}$

zu Aufgabe 1.4.04

a) Da $g(x^3)$ die gleiche Form hat wie $u(v(x))$, wobei $u = g$ und $v(x) = x^3$ ist, können wir den Ausdruck mit der Kettenregel ableiten und erhalten $3x^2 g'(x^3)$.

b)
- $f'(x) = 2x g'(x^2)$
- $f'(x) = -\frac{1}{x^2} \cdot g'(1/x)$
- $f'(x) = \frac{2}{x} \cdot g'(\ln(x))$

zu Aufgabe 1.4.05

a) $f'(x) = 16x(2x^4 + 3x^3 + 2) + (8x^2 + 3)(8x^3 + 9x^2)$

b) $f'(x) = x \cdot e^x + 1 \cdot e^x = e^x(x + 1)$

c) $f'(x) = 2x \cdot \frac{1}{x} + 2 \cdot \ln(x) = 2\ln(x) + 2$

d) $f'(x) = (3x^2 + 1)\frac{1}{-(x-1)^2} + 6x\frac{1}{x-1}$

e) $f'(x) = (2x + 3)^{-1/2} \cdot x^2 + (2x + 3)^{1/2} \cdot 2x$

f) $f'(x) = 4x \cdot e^x + 2x^2 \cdot e^x = e^x(2x^2 + 4x)$

zu Aufgabe 1.4.06

a) $f'(x) = \frac{(x^2+2)\cdot 3 - 3x \cdot 2x}{(x^2+2)^2} = \frac{-3x^2+6}{(x^2+2)^2}$

b) $f'(x) = \frac{e^x \cdot 0 - 1 \cdot e^x}{e^{x2}} = -\frac{e^x}{e^{x2}} = -\frac{1}{e^x}$

c) $f'(x) = \frac{e^x \cdot 2 - 2x \cdot e^x}{e^{x2}} = \frac{-2x+2}{e^x}$

d) $f'(x) = \frac{(-0{,}5x^2+x)e^x - x}{(e^x-1)^2}$

Sekante, Tangente und Normale

zu Aufgabe 1.5.01

a) Wir bestimmen zunächst die Unbekannten m und b und setzen diese dann in die allgemeine Geradengleichung ein. Für die Steigung folgt: $m = \frac{f(x_2)-f(x_1)}{x_2-x_1}$
$= \frac{4-0}{2-0} = \frac{4}{2} = 2$. Anschließend m und einen der Punkte in die Geradengleichung einsetzen um b zu bestimmen:

$$y = m \cdot x + b \quad \Rightarrow \quad 4 = 2 \cdot 2 + b \quad \Rightarrow \quad 0 = b$$

Die Sekantengleichung lautet $s(x) = 2x$.

b) Die Ableitung der Funktion lautet $f'(x) = 2x$. Damit ist die Steigung der Tangente an der Stelle $x = 1$: $m_{tan} = f'(1) = 2$. Da die Tangente die Funktion f berührt, müssen die y-Werte an der Stelle $x = 1$ identisch sein, hier $f(1) = 1$. Einsetzen in die Geradengleichung, um b zu bestimmen:

$$y = m \cdot x + b \quad \Rightarrow \quad 1 = 2 \cdot 1 + b \quad \Rightarrow \quad b = -1$$

Die Tangentengleichung lautet $t(x) = 2x - 1$.

c) Die Steigung der Normale an der Stelle $x = 1$ beträgt $m_{norm} = -1/m_{tan} = -0{,}5$. Die Normale verläuft ebenfalls durch den Berührpunkt der Tangente (1|1). Für b setzen wir also den Punkt und die Steigung in die allgemeine Geradengleichung ein:

$$y = m \cdot x + b \quad \Rightarrow \quad 1 = -0{,}5 \cdot 1 + b \quad \Rightarrow \quad b = 1{,}5$$

Die Normalengleichung lautet $n(x) = -0{,}5x + 1{,}5$.

zu Aufgabe 1.5.02

a) $s(x) = 3x + 2$ b) $t(x) = x + 2$ c) $n(x) = -x + 2$

zu Aufgabe 1.5.03

a) $s(x) = 0{,}1353x$ b) $t(x) = 22{,}17x - 14{,}78$ c) $n(x) = -0{,}045x + 7{,}43$

zu Aufgabe 1.5.04 Die Stelle, an dem die Tangente parallel zu der Geraden ist, ist die Stelle, an dem die Funktion f die gleiche Steigung hat wie die Gerade selbst. Da die Steigung der Geraden 2 beträgt, folgt:

$$f'(x) = x^3 + 1 \stackrel{!}{=} 2 \quad \Rightarrow \quad x = 1$$

Die Stelle ist daher $x = 1$.

Kurvendiskussion

zu Aufgabe 1.6.01

a)
$$\lim_{x \to \infty} \; 3x^3 + 2x \;\to\; \infty$$
$$\phantom{\lim_{x\to\infty}}\;\downarrow\;\downarrow$$
$$\phantom{\lim_{x\to\infty}}\;\infty\;\infty$$

$$\lim_{x \to -\infty} \; 3x^3 + 2x \;\to\; -\infty$$
$$\;\downarrow\;\downarrow$$
$$\;-\infty\;-\infty$$

b)
$$\lim_{x \to \infty} \; xe^x + (-4x) \;\to\; \infty$$
$$\;\downarrow\;\downarrow$$
$$\;\infty\;-\infty$$

$$\lim_{x \to -\infty} \; xe^x + (-4x) \;\to\; \infty$$
$$\;\downarrow\;\downarrow$$
$$\;0\;\infty$$

c)
$$\lim_{x \to \infty} \; x^2 \cdot e^{-x^2} \;\to\; 0$$
$$\;\downarrow\;\downarrow$$
$$\;\infty\;0$$

$$\lim_{x \to -\infty} \; x^2 \cdot e^{-x^2} \;\to\; 0$$
$$\;\downarrow\;\downarrow$$
$$\;\infty\;0$$

d)
$$\lim_{x \to \infty} \; 2e^x + 2 \;\to\; \infty$$
$$\;\downarrow\;\downarrow$$
$$\;\infty\;2$$

$$\lim_{x \to -\infty} \; 2e^x + 2 \;\to\; 2$$
$$\;\downarrow\;\downarrow$$
$$\;0\;2$$

zu Aufgabe 1.6.02

a)

1. Grenzverhalten:	$\lim\limits_{x \to \infty} f(x)$	$\to$	$-\infty$		5. Def.-Bereich:	D	$=$	$\mathbb{R}$
	$\lim\limits_{x \to -\infty} f(x)$	$\to$	$-\infty$		6. Wertebereich:	W	$=$	$(-\infty, 2]$
2. Symmetrie:	$f(-x)$	$\neq$	$f(x)$		7. Extrempunkte:	HP	bei	$(1|2)$
	$f(-x)$	$\neq$	$-f(x)$		8. Wendepunkte:	keine		
3. Nullstellen:	x_1	$=$	0		9. Steigung:	↗	auf	$(-\infty, 1]$
	x_2	$=$	2			↘	auf	$[1, \infty)$
4. y-Achse:	$f(0)$	$=$	0		10. Krümmung:	∩	auf	$(-\infty, \infty)$

b)

1. Grenzverhalten:	$\lim\limits_{x \to \infty} f(x)$	$\to$	$-\infty$			TP	bei	$(0|-1)$
	$\lim\limits_{x \to -\infty} f(x)$	$\to$	$-\infty$		8. Wendepunkte:	WP_1	bei	$(-0{,}58|-0{,}44)$
2. Symmetrie:	$f(-x)$	$=$	$f(x)$			WP_2	bei	$(0{,}58|-0{,}44)$
3. Nullstellen:	x_1	$=$	-1		9. Steigung:	↗	auf	$(-\infty, -1]$
	x_2	$=$	1				und	$[0, 1]$
4. y-Achse:	$f(0)$	$=$	-1			↘	auf	$[-1, 0]$
5. Def.-Bereich:	D	$=$	$\mathbb{R}$				und	$[1, \infty)$
6. Wertebereich:	W	$=$	$(-\infty, 0]$		10. Krümmung:	∩	auf	$(-\infty, -0{,}58]$
7. Extrempunkte:	HP_1	bei	$(-1|0)$				und	$[0{,}58, \infty)$
	HP_2	bei	$(1|0)$			∪	auf	$[-0{,}58, 0{,}58]$

c)

1. Grenzverhalten:	$\lim\limits_{x \to \infty} f(x)$	$\to$	∞			TP	bei	$(0|0)$
	$\lim\limits_{x \to -\infty} f(x)$	$\to$	0		8. Wendepunkte:	WP_1	bei	$(-0{,}59|0{,}38)$
2. Symmetrie:	$f(-x)$	$\neq$	$f(x)$			WP_2	bei	$(-3{,}41|0{,}77)$
	$f(-x)$	$\neq$	$-f(x)$		9. Steigung:	↗	auf	$(-\infty, -2]$
3. Nullstellen:	x_1	$=$	0				und	$[0, \infty)$
4. y-Achse:	$f(0)$	$=$	0			↘	auf	$[-2, 0]$
5. Def.-Bereich:	D	$=$	$\mathbb{R}$		10. Krümmung:	∪	auf	$(-\infty, -3{,}14]$
6. Wertebereich:	W	$=$	$[0, \infty)$				und	$[-0{,}59, \infty)$
7. Extrempunkte:	HP	bei	$(-2|1{,}08)$			∩	auf	$[-3{,}41, -0{,}59]$

d)

1. Grenzverhalten:	$\lim\limits_{x \to \infty} f(x)$	$\to$	∞		6. Wertebereich:	W	$=$	$[-0{,}37, \infty)$
2. Symmetrie:	$f(-x)$	$\neq$	$f(x)$		7. Extrempunkte:	TP	bei	$(0{,}37|-0{,}37)$
	$f(-x)$	$\neq$	$-f(x)$		8. Wendepunkte:	keine		
3. Nullstellen:	x	$=$	1		9. Steigung:	↗	auf	$[0{,}37, \infty)$
4. y-Achse:	n.d.					↘	auf	$(0, 0{,}37]$
5. Def.-Bereich:	D	$=$	$(0, \infty)$		10. Krümmung:	∪	auf	$(0, \infty)$

LGS lösen

zu Aufgabe 1.7.01

a) aus I folgt: $x_1 + 2x_2 = 7 \quad |-2x_2 \quad \Rightarrow \quad x_1 = 7 - 2x_2$

Einsetzen von x_1 in II: $2(7 - 2x_2) - x_2 = -1 \Leftrightarrow x_2 = 3$. Daraus folgt für $x_1 = 1$.

b) aus I folgt: $2x_1 + x_2 = -3 \quad |-2x_1 \quad \Rightarrow \quad x_2 = -3 - 2x_1$

Einsetzen von x_2 in II: $x_1 + (-3 - 2x_1) = -1 \Leftrightarrow x_1 = -2$. Daraus folgt für $x_2 = 1$.

c) aus III folgt: $x_2 + 2x_3 = 1 \quad |-2x_3 \quad \Rightarrow \quad x_2 = 1 - 2x_3$

Einsetzen von x_2 in II: $-2x_1 + 2(1 - 2x_3) - 2x_3 = 0 \Leftrightarrow x_1 = 1 - 3x_3$. Die beiden Ausdrücke für x_1 und x_2 setzen wir anschließend in Gleichung I und erhalten:

$$\text{aus I:} \quad 2(1 - 3x_3) + (1 - 2x_3) + 3x_3 = 1$$
$$\Leftrightarrow \quad 3 - 5x_3 = 1 \quad |-3|:(-5)$$
$$\Leftrightarrow \quad x_3 = 0{,}4$$

Daraus folgt für $x_1 = -0{,}2$ und $x_2 = 0{,}2$.

zu Aufgabe 1.7.02

a) aus I=II folgt: $2x + 2 = -x + 5 \Leftrightarrow x = 1$

Einsetzen von x in II: $y = -(1) + 5 = 4$.

b) Wir lösen zuerst die beiden Gleichungen nach einer Variable, hier x_1 auf und setzen diese dann anschließend gleich.

$$\begin{array}{lrcrcl} \text{I} & x_1 - 2x_2 & = & 2 & \Leftrightarrow & x_1 = 2 + 2x_2 \\ \text{II} & 2x_1 + 2x_2 & = & 10 & \Leftrightarrow & x_1 = 5 - x_2 \end{array} \quad \Rightarrow \quad 2 + 2x_2 = 5 - x_2$$

Daraus folgt für $x_2 = 1$. Einsetzen in I oder II liefert $x_1 = 4$.

c) Wir lösen zuerst die beiden Gleichungen nach einer Variable, hier x_2 auf und setzen diese dann anschließend gleich.

$$\begin{array}{lrcrcl} \text{I} & 2x_1 - x_2 & = & 0 & \Leftrightarrow & x_2 = 2x_1 \\ \text{II} & 4x_1 - 3x_2 & = & 12 & \Leftrightarrow & x_2 = -4 + \frac{4}{3}x_1 \end{array} \quad \Rightarrow \quad 2x_1 = -4 + \frac{4}{3}x_1$$

Daraus folgt für $x_1 = -6$. Einsetzen in I oder II liefert $x_2 = -12$.

zu Aufgabe 1.7.03

a)

		x_1	+	x_2	+	$2x_3$	=	0	
I		x_1	+	x_2	+	$2x_3$	=	0	
II		$2x_1$	−	$2x_2$	+	x_3	=	−1	$\mid 2 \cdot \text{I} - \text{II}$
III				$-2x_2$	+	$3x_3$	=	−5	
I		x_1	+	x_2	+	$2x_3$	=	0	
IIa				$4x_2$	+	$3x_3$	=	1	
III				$-2x_2$	+	$3x_3$	=	−5	$\mid \text{IIa} + 2 \cdot \text{III}$
I		x_1	+	x_2	+	$2x_3$	=	0	$\Rightarrow x_1 = 1$
IIa				$4x_2$	+	$3x_3$	=	1	$\Rightarrow x_2 = 1$
IIIa						$9x_3$	=	−9	$\Rightarrow x_3 = -1$

b)

I		x_1	+	x_2	−	x_3	=	−3	
II		$2x_1$	+	$3x_2$	−	x_3	=	0	$\mid 2 \cdot \text{I} - \text{II}$
III		$-4x_1$	−	$2x_2$	+	x_3	=	4	$\mid 4 \cdot \text{I} + \text{III}$
I		x_1	+	x_2	−	x_3	=	−3	
IIa				$-x_2$	−	x_3	=	−6	
IIIa				$2x_2$	−	$3x_3$	=	−8	$\mid 2 \cdot \text{IIa} + \text{IIIa}$
I		x_1	+	x_2	−	$2x_3$	=	0	$\Rightarrow x_1 = -1$
IIa				$-x_2$	−	x_3	=	−6	$\Rightarrow x_2 = 2$
IIIa						$-5x_3$	=	−20	$\Rightarrow x_3 = 4$

c)

I	$2x_1$	−	$2x_2$	+	$2x_3$	+	x_4	=	0	
III	x_1	+	x_2	−	$2x_3$	+	x_4	=	9	$\mid \text{I} - 2 \cdot \text{III}$
II			x_2	+	$3x_3$	−	x_4	=	−5	
IV					x_3	+	x_4	=	3	
I	$2x_1$	−	$2x_2$	+	$2x_3$	+	x_4	=	0	
IIIa			$-4x_2$	+	$6x_3$	−	x_4	=	−18	
II			x_2	+	$3x_3$	−	x_4	=	−5	$\mid \text{IIIa} + 4 \cdot \text{II}$
IV					x_3	+	x_4	=	3	
I	$2x_1$	−	$2x_2$	+	$2x_3$	+	x_4	=	0	
IIIa			$-4x_2$	+	$6x_3$	−	x_4	=	−18	
IIa					$18x_3$	−	$5x_4$	=	−38	
IV					x_3	+	x_4	=	3	$\mid \text{IIa} - 18 \cdot \text{IV}$
I	$2x_1$	−	$2x_2$	+	$2x_3$	+	x_4	=	0	$\Rightarrow x_1 = 1$
IIIa			$-4x_2$	+	$6x_3$	−	x_4	=	−18	$\Rightarrow x_2 = 2$
IIa					$18x_3$	−	$5x_4$	=	−38	$\Rightarrow x_3 = -1$
IV							$-23x_4$	=	−92	$\Rightarrow x_4 = 4$

Steckbriefaufgaben

zu Aufgabe 1.8.01

a) Da die Funktion 2. Grades ist, hat sie die allgemeine Form:

$$f(x) = ax^2 + bx + c \quad \text{und} \quad f'(x) = 2ax + b$$

Die Bedingungen und das daraus resultierende LGS lauten:

$$\text{I} \quad f(2) = -2 \Rightarrow 4a + 2b + c = -2$$
$$\text{II} \quad f'(2) = 0 \Rightarrow 4a + b = 0$$
$$\text{III} \quad f(0) = 0 \Rightarrow c = 0$$

Lösen des LGS liefert die gesuchten Koeffizienten mit $a = 0{,}5$, $b = -2$ und $c = 0$. Die gesuchte Funktion hat die Gleichung $f(x) = 0{,}5x^2 - 2x$.

b) Da die Funktion 3. Grades ist, hat sie die allgemeine Form:

$$f(x) = ax^3 + bx^2 + cx + d, \quad f'(x) = 3ax^2 + 2bx + c \quad \text{und} \quad f''(x) = 6ax + 2b$$

Die Bedingungen und das daraus resultierende LGS lauten:

$$\text{I} \quad f(0) = 4 \Rightarrow d = 4$$
$$\text{II} \quad f(2) = 0 \Rightarrow 8a + 4b + 2c + d = 0$$
$$\text{III} \quad f'(2) = 0 \Rightarrow 12a + 4b + c = 0$$
$$\text{IV} \quad f''(-1) = 0 \Rightarrow -6a + 2b = 0$$

Lösen des LGS liefert die gesuchten Koeffizienten mit $a = 1/7$, $b = 3/7$, $c = -24/7$ und $d = 4$. Die gesuchte Funktion hat die Gleichung $f(x) = \frac{1}{7}x^3 + \frac{3}{7}x^2 - \frac{24}{7}x + 4$.

c) Da die Funktion 4. Grades und achsensymmetrisch ist, hat sie die allgemeine Form:

$$f(x) = ax^4 + bx^2 + c \quad \text{und} \quad f'(x) = 4ax^3 + 2bx$$

Die Bedingungen und das daraus resultierende LGS lauten:

$$\text{I} \quad f(2) = -2 \Rightarrow 16a + 4b + c = -2$$
$$\text{II} \quad f'(2) = 0 \Rightarrow 32a + 4b = 0$$
$$\text{III} \quad f'(1) = -1 \Rightarrow 4a + 2b = -1$$

Lösen des LGS liefert die gesuchten Koeffizienten mit $a = 1/12$, $b = -2/3$ und $c = -2/3$. Die gesuchte Funktion hat die Gleichung $f(x) = \frac{1}{12}x^4 - \frac{2}{3}x^2 - \frac{2}{3}$.

d) Da die Funktion 4. Grades ist, hat sie die allgemeine Form:

$$f(x) = ax^4 + bx^3 + cx^2 + dx + e$$
$$f'(x) = 4ax^3 + 3bx^2 + 2cx + d$$
$$f''(x) = 12ax^2 + 6bx + 2c$$

Die Bedingungen und das daraus resultierende LGS lauten:

$$\text{I} \quad f(-2) = -4 \Rightarrow 16a - 8b + 4c - 2d + e = -4$$
$$\text{II} \quad f(0) = 0 \Rightarrow e = 0$$
$$\text{III} \quad f'(0) = 0 \Rightarrow d = 0$$
$$\text{IV} \quad f(-1) = 0 \Rightarrow a - b + c - d + e = 0$$
$$\text{V} \quad f'(-1) = 3 \Rightarrow -4a + 3b - 2c + d = 3$$

Lösen des LGS liefert die gesuchten Koeffizienten mit $a = 2$, $b = 7$, $c = 5$ und $d = e = 0$. Die gesuchte Funktion hat die Gleichung $f(x) = 2x^4 + 7x^3 + 5x^2$.

e) Da die Funktion 3. Grades ist, hat sie die allgemeine Form:

$$f(x) = ax^3 + bx^2 + cx + d, \quad f'(x) = 3ax^2 + 2bx + c \quad \text{und} \quad f''(x) = 6ax + 2b$$

Die Bedingungen und das daraus resultierende LGS lauten:

I	$f(0)$	$=$	0	$\Rightarrow$				d	$=$	0
II	$f(2)$	$=$	$t(2) = 4$	$\Rightarrow$	$8a$	$+ \ 4b$	$+ \ 2c$	$+ \ d$	$=$	4
III	$f'(2)$	$=$	$t'(2) = -2$	$\Rightarrow$	$12a$	$+ \ 4b$	$+ \ c$		$=$	-2
IV	$f''(2)$	$=$	0	$\Rightarrow$	$12a$	$+ \ 2b$			$=$	0

Lösen des LGS liefert die gesuchten Koeffizienten mit $a = 1$, $b = -6$, $c = 10$ und $d = 0$. Die gesuchte Funktion hat die Gleichung $f(x) = x^3 - 6x^2 + 10x$.

f) Die Bedingungen und das daraus resultierende LGS lauten:

I	$f(0)$	$=$	5	$\Rightarrow$	a	$= \ 5$
II	$f(6)$	$=$	200	$\Rightarrow$	ae^{6b}	$= \ 200$

Lösen des LGS liefert die gesuchten Koeffizienten mit $a = 5$ und $b \approx 0{,}61$. Die gesuchte Funktion hat die Gleichung $f(x) = 5 \cdot e^{0{,}61x}$.

g) Die Bedingungen mit Substitution von $e^{-b} = x \Rightarrow e^{-2b} = \left(e^{-b}\right)^2 = x^2$ lauten:

I	$f(1)$	$=$	$3{,}6$	$\Rightarrow$	$a(1 - e^{-b})$	$=$	$3{,}6$	$\Rightarrow \ a(1 - x) = 3{,}6$
II	$f(2)$	$=$	$10{,}8$	$\Rightarrow$	$a(1 - e^{-2b})$	$=$	$10{,}8$	$\Rightarrow \ a(1 - x^2) = 10{,}8$

Für $x = \pm 1$ gibt es keine Lösung, so dass wir das direkt ausschließen können. Die einzig sinnvolle Lösung ist daher $x = 2$. Die Rücksubstitution mit $b = -\ln(x)$ liefert die einzig sinnvolle Lösung für $b_1 = -\ln(2)$. Daraus folgt für $a = -3{,}6$. Die gesuchte Funktion hat die Gleichung $f(x) = -3{,}6(1 - e^{\ln(2)x})$.

Trassierung

zu Aufgabe 1.9.01 Die gesuchte Funktion soll 3. Grades sein und hat die allgemeine Form:

$$f(x) = ax^3 + bx^2 + cx + d \quad \text{und} \quad f'(x) = 3ax^2 + 2bx + c$$

Die Bedingungen und das daraus resultierende LGS lauten:

I	$g(-1)$	$=$	$f(-1)$	$\Rightarrow$	1	$=$	$-a$	$+ \ b \ - \ c$	$+ \ d$
II	$g'(-1)$	$=$	$f'(-1)$	$\Rightarrow$	0	$=$	$3a$	$- \ 2b \ + \ c$	
III	$h(3)$	$=$	$f(3)$	$\Rightarrow$	6	$=$	$27a$	$+ \ 9b \ + \ 3c$	$+ \ d$
IV	$h'(3)$	$=$	$f'(3)$	$\Rightarrow$	2	$=$	$27a$	$+ \ 6b \ + \ c$	

Lösen des LGS liefert die gesuchten Koeffizienten mit $a = -1/32$, $b = 11/32$, $c = 25/32$ und $d = 45/32$. Die gesuchte Funktion hat die Gleichung $f(x) = -\frac{1}{32}x^3 + \frac{11}{32}x^2 + \frac{25}{32}x + \frac{45}{32}$.

zu Aufgabe 1.9.02 Die gesuchte Funktion soll 5. Grades sein und hat die allgemeine Form:

$$f(x) = ax^5 + bx^4 + cx^3 + dx^2 + ex + f$$
$$f'(x) = 5ax^4 + 4bx^3 + 3cx^2 + 2dx + e$$
$$f''(x) = 20ax^3 + 12bx^2 + 6bx + 2d$$

Die Bedingungen und das daraus resultierende LGS lauten:

I	$g(0)$	=	$f(0)$	$\Rightarrow$	0	=	f	
II	$g'(0)$	=	$f'(0)$	$\Rightarrow$	0	=	e	
III	$g''(0)$	=	$f''(0)$	$\Rightarrow$	0	=	d	
IV	$h(2)$	=	$f(2)$	$\Rightarrow$	3	=	$32a + 16b + 8c$	
V	$h'(2)$	=	$f'(2)$	$\Rightarrow$	0,5	=	$80a + 32b + 12c$	
VI	$h''(2)$	=	$f''(2)$	$\Rightarrow$	0	=	$160a + 48b + 12c$	

Lösen des LGS liefert die gesuchten Koeffizienten mit $a = 15/32$, $b = -19/8$, $c = 13/4$ und $d = e = f = 0$. Die gesuchte Funktion hat die Gleichung $f(x) = \frac{15}{32}x^5 - \frac{19}{8}x^4 + \frac{13}{4}x^3$.

Extremwertaufgaben

zu Aufgabe 1.10.01

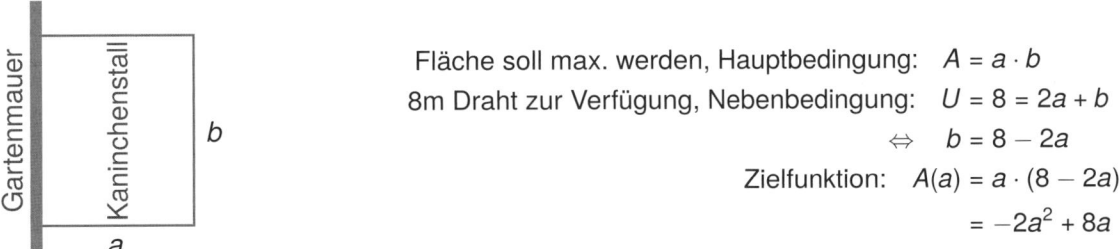

Fläche soll max. werden, Hauptbedingung: $A = a \cdot b$
8m Draht zur Verfügung, Nebenbedingung: $U = 8 = 2a + b$
$\Leftrightarrow b = 8 - 2a$
Zielfunktion: $A(a) = a \cdot (8 - 2a)$
$= -2a^2 + 8a$

Ableiten der Zielfunktion und gleich 0 setzen: $A'(a) = -4a + 8 \stackrel{!}{=} 0$ liefert die potenzielle Extremstelle $a = 2$. Überprüfen der zweiten Ableitung $A''(a) = -4 < 0$ zeigt, dass es sich um einen Hochpunkt bzw. Maximum handelt. Daher bestimmen wir noch $b = 8 - 2 \cdot 2 = 4$ und wissen, dass die Fläche des Kaninchenstalls am größten ist, wenn $a = 2$ und $b = 4$ lang ist. Die Fläche beträgt dann $A(2) = 2 \cdot (8 - 2 \cdot 2) = 8m^2$.

zu Aufgabe 1.10.02 Wir untersuchen die Funktionenschar allgemein auf Extrempunkte und geben den Scheitelpunkt in Abhängigkeit von t an.

$$f'_t(x) = 6x - 12 \stackrel{!}{=} 0 \Rightarrow x = 2$$
$$f''_t(2) = 6 > 0 \quad (TP)$$

Ein Scheitelpunkt ist ein Tiefpunkt einer quadratischen Funktion. Da dieser hier vorliegt, wie man der zweiten Ableitung entnehmen kann, können wir sagen, dass der allgemeine Scheitelpunkt bei $(2|f(2))$ bzw. $(2|4t^2 - 6t - 12)$ liegt. Wir suchen den niedrigsten Scheitelpunkt, also untersuchen wir den y-Wert mit $g(t) = 4t^2 - 6t - 12$ auf Extrema.

$$g'(x) = 8t - 6 \stackrel{!}{=} 0 \Rightarrow t = 3/4$$
$$g''(3/4) = 8 > 0 \quad (TP)$$

Für $t = 3/4$ erhalten wir den niedrigsten Scheitelpunkt der Funktionenschar $f_t(x)$.

zu Aufgabe 1.10.03 Wir suchen den minimalen Abstand zwischen den Punkten $P(x|-2x+4)$ und dem Ursprung $O(0|0)$ mit Hilfe des Betrags:

$$d(x) = |\overrightarrow{PO}| = \sqrt{x^2 + (-2x+4)^2} = \sqrt{5x^2 - 16x + 16} = \sqrt{g(x)}$$

Der Abstand wird minimal, wenn der Ausdruck unter der Wurzel $g(x)$ minimal wird. Daher untersuchen wir $g(x)$ auf Extrema:

$$g'(x) = 10x - 16 \stackrel{!}{=} 0 \Rightarrow x = 8/5$$
$$g''(8/5) = 10 > 0 \quad (TP)$$

Für $x = 8/5$ hat der Punkt $P(8/5|4/5)$ den minimalen Abstand vom Ursprung mit $d \approx 1{,}79$.

zu Aufgabe 1.10.04

a) Der Flächeninhalt des Fünfecks kann in zwei Trapeze aufgeteilt werden und lautet:

$$\begin{aligned} A(u) &= \frac{f(0)+f(u)}{2} \cdot u + \frac{f(u)+f(5)}{2} \cdot (5-u) \\ &= \frac{3 + (-0{,}05u^3 + u + 3)}{2} \cdot u + \frac{1{,}75 + (-0{,}05u^3 + u + 3)}{2} \cdot (5-u) \\ &= -0{,}125u^3 + 3{,}125u + 11{,}875 \end{aligned}$$

Diese Fläche soll maximal sein, also untersuchen wir die Funktion auf Extrema.

$$A'(u) = -0{,}375u^2 + 3{,}125 \stackrel{!}{=} 0 \Rightarrow u_1 = -2{,}89 \notin D, \quad u_2 = 2{,}89 \checkmark$$
$$A''(2{,}89) = -21{,}65 < 0 \quad (HP)$$

Wir haben einen Hochpunkt an der Stelle $u = 2{,}89$ mit der Fläche $A(2{,}89) = 17{,}89$ in unserem Intervall $[0, 5]$ gefunden. Jetzt prüfen wir noch die Ränder des Definitionsbereichs: $A(0) = A(5) = 11{,}875 < A(2{,}89)$. Antwort: Für $u = 2{,}89$ ist der Flächeninhalt des Fünfecks mit $17{,}89$ [FE] am größten.

Wachstum

zu Aufgabe 1.11.01

a) $f(t) = 300t + 1500$

b) $12000 = 300t + 1500 \Leftrightarrow t = 35$ [h]
Antwort: Nach 35 Stunden sind 12000 Kugelschreiber produziert.

zu Aufgabe 1.11.02

a)
$\begin{aligned} 100000 &= 100 \cdot e^{0,25t} &&| : 100 \\ \Leftrightarrow 1000 &= e^{0,25t} &&| \ln \\ \Leftrightarrow \ln(1000) &= 0,25t &&| : 0,25 \\ \Leftrightarrow 4 \cdot \ln(1000) &= t \end{aligned}$

Antwort: Nach ca. 27,63 Tagen werden es 100.000 Bakterien sein.

b)
$\begin{aligned} 200 &= 100 \cdot e^{0,25t} &&| : 100 \\ \Leftrightarrow 2 &= e^{0,25t} &&| \ln \\ \Leftrightarrow \ln(2) &= 0,25t &&| : 0,25 \\ \Leftrightarrow 4 \cdot \ln(2) &= t \end{aligned}$

Antwort: Die Population verdoppelt sich nach ungefähr 2,77 Tagen.

zu Aufgabe 1.11.03

a)
$\begin{aligned} 8 &= 6 + 14 \cdot e^{-0,05t} &&| -6 \\ \Leftrightarrow 2 &= 14 \cdot e^{-0,05t} &&| : 14 \\ \Leftrightarrow \tfrac{1}{7} &= e^{-0,05t} &&| \ln \\ \Leftrightarrow \ln(\tfrac{1}{7}) &= -0,05t &&| \cdot (-20) \\ \Leftrightarrow -20 \cdot \ln(\tfrac{1}{7}) &= t \end{aligned}$

Antwort: Nach ca. 38,92 Minuten beträgt die Temperatur vom Bier exakt 8 Grad.

b)
$\begin{aligned} 6,1 &= 6 + 14 \cdot e^{-0,05t} &&| -6 \\ \Leftrightarrow 0,1 &= 14 \cdot e^{-0,05t} &&| : 14 \\ \Leftrightarrow \tfrac{1}{140} &= e^{-0,05t} &&| \ln \\ \Leftrightarrow \ln(\tfrac{1}{140}) &= -0,05t &&| \cdot (-20) \\ \Leftrightarrow -20 \cdot \ln(\tfrac{1}{140}) &= t \end{aligned}$

Antwort: Nach ca. 98,83 Minuten ist das Bier nur noch 0,1 Grad wärmer als der Kühlschrank.

Integralrechnung

zu Aufgabe 1.12.01

a) $F(x) = x$

b) $F(x) = x^3 + \tfrac{1}{2}x^2$

c) $F(x) = \tfrac{1}{2}x^6 - \tfrac{2}{3}x^3 + x$

d) $F(x) = 3e^x$

e) $F(x) = e^{5x+2}$

f) $F(x) = e^{2x} + x^2$

zu Aufgabe 1.12.02

a) Die Füllmenge ist die Stammfunktion von f, wobei der Anfangsbestand mit $c = 3$ angegeben ist. Also lautet die Stammfunktion von f und die Füllmenge

$$F(t) = \frac{1}{3}t^3 - t^2 + 3 \quad \Rightarrow \quad F(1) = \frac{7}{3}$$

nach $t = 1$ Minute: 7/3 m^3.

b) Die kleinste Wasserfüllmenge ist der Tiefpunkt der Stammfunktion F. Also untersuchen wir die Ableitung der Stammfunktion, die gegebene Funktion fs, auf Extrema:

$$F'(t) = f(t) = t^2 - 2t \stackrel{!}{=} 0 \Rightarrow t_1 = 0 \notin [1;2], \quad t_2 = 2 \checkmark$$
$$f(2) = 2 > 0 \quad (TP)$$

Der niedrigste Wasserstand liegt bei $t = 2$ Minuten und die Wassermenge beträgt ungefähr $1{,}67 \, m^3$.

zu Aufgabe 1.12.03

a) $s(t) = \int v(t) \, dt = 4{,}905 t^2 \quad \Rightarrow \quad s(5) = 4{,}905 \cdot (5)^2 = 122{,}625 \, m$
   Antwort: Der Brunnen ist 122,625 m tief.

b) $10 = 4{,}905 t^2 \Leftrightarrow t^2 = 2{,}04 \Leftrightarrow t_{1,2} = \pm\sqrt{2{,}04} \approx \pm 1{,}43$
   Die negative Lösung für t macht keinen Sinn, da die Zeit ja nicht zurück laufen kann. Die Geschwindigkeit der Münze beim Eintauchen ins Wasser beträgt $v(1{,}43) = 9{,}81 \cdot 1{,}43 = 14{,}01 \, [m/s]$.

zu Aufgabe 1.12.04

a) $\int_0^2 x^2 + 2x - 3 \, dx = \left[\frac{1}{3}x^3 + x^2 - 3x\right]_0^2 = \frac{2}{3}$

c) $\int_0^1 e^x \, dx = [e^x]_0^1 = e - 1$

b) $\int_{-1}^1 x^3 \, dx = \left[\frac{1}{4}x^4\right]_{-1}^1 = 0$

d) $\int_{-1}^2 e^{2x} + x \, dx = \left[\frac{1}{2}e^{2x} + \frac{1}{2}x^2\right]_{-1}^2 \approx 28{,}73$

zu Aufgabe 1.12.05

a) Nullstellen: $x_1 = 1$ und $x_2 = 5$. Es folgt für den Flächeninhalt:

$$A = \int_1^5 -0{,}5x^2 + 3x - 2{,}5 \, dx = \left[-\frac{1}{6}x^3 + \frac{3}{2}x^2 - 2{,}5x\right]_1^5 = \frac{16}{3} \, [FE]$$

b) Nullstellen: $x_1 = -2$, $x_2 = 0$ und $x_3 = 4$. Es folgt für den Flächeninhalt:

$$A = \left|\int_{-2}^0 0{,}5x^3 - x^2 - 4x \, dx\right| + \left|\int_0^4 0{,}5x^3 - x^2 - 4x \, dx\right|$$
$$= \left|\left[0{,}125x^4 - \frac{1}{3}x^3 - 2x^2\right]_{-2}^0\right| + \left|\left[0{,}125x^4 - \frac{1}{3}x^3 - 2x^2\right]_0^4\right| = \left|\frac{10}{3}\right| + \left|-\frac{64}{3}\right| = \frac{74}{3} \, [FE]$$

zu Aufgabe 1.12.06

a) Nullstellen: $x_1 = 0$, $x_2 = 2$ und $x_3 = 4$. Es folgt für den Flächeninhalt:

$$A = \left|\int_1^2 -x^3 + 6x^2 - 8x \, dx\right| + \left|\int_2^3 -x^3 + 6x^2 - 8x \, dx\right|$$
$$= \left|\left[-\frac{1}{4}x^4 + 2x^3 - 4x^2\right]_1^2\right| + \left|\left[-\frac{1}{4}x^4 + 2x^3 - 4x^2\right]_2^3\right| = \left|-\frac{7}{4}\right| + \left|\frac{7}{4}\right| = \frac{7}{2} \, [FE]$$

b) Keine Nullstellen. Es folgt für den Flächeninhalt:

$$A = \left| \int_0^3 2e^{x-3} \, dx \right| = \left| \left[2e^{x-3} \right]_0^3 \right| \approx 1{,}9 \text{ [FE]}$$

zu Aufgabe 1.12.07

a) Schnittpunkte von f und g: $x_1 = 0$, $x_2 = 2$ und $x_3 = 3,5$. Es folgt für den Flächeninhalt:

$$A = \left| \int_0^2 f(x) - g(x) \, dx \right| + \left| \int_2^{3,5} f(x) - g(x) \, dx \right| = \left| \int_0^2 x^3 - 5{,}5x^2 + 7x \, dx \right| + \left| \int_2^{3,5} x^3 - 5{,}5x^2 + 7x \, dx \right|$$

$$= \left| \left[\frac{1}{4}x^4 - \frac{11}{6}x^3 + \frac{7}{2}x^2 \right]_0^2 \right| + \left| \left[\frac{1}{4}x^4 - \frac{11}{6}x^3 + \frac{7}{2}x^2 \right]_2^{3,5} \right| = \left| \frac{10}{3} \right| + \left| -\frac{99}{64} \right| \approx 4{,}88 \text{ [FE]}$$

b) Schnittpunkte von f und g: $x_1 = -2$, $x_2 = -1$, $x_3 = 1$ und $x_4 = 2$. Es folgt für den Flächeninhalt:

$$A = \left| \int_{-2}^{-1} f(x) - g(x) \, dx \right| + \left| \int_{-1}^{1} f(x) - g(x) \, dx \right| + \left| \int_{1}^{2} f(x) - g(x) \, dx \right|$$

$$= \left| \int_{-2}^{-1} x^4 - 5x^2 + 4 \, dx \right| + \left| \int_{-1}^{1} x^4 - 5x^2 + 4 \, dx \right| + \left| \int_{1}^{2} x^4 - 5x^2 + 4 \, dx \right|$$

$$= \left| \left[\frac{1}{5}x^5 - \frac{5}{3}x^3 + 4x \right]_{-2}^{-1} \right| + \left| \left[\frac{1}{5}x^5 - \frac{5}{3}x^3 + 4x \right]_{-1}^{1} \right| + \left| \left[\frac{1}{5}x^5 - \frac{5}{3}x^3 + 4x \right]_{1}^{2} \right|$$

$$= \left| -\frac{22}{15} \right| + \left| \frac{76}{15} \right| + \left| -\frac{22}{15} \right| = 8 \text{ [FE]}$$

zu Aufgabe 1.12.08

a) Der Fluss ist $f(2) = 1$ m tief, wenn er maximal 4 m breit ist.

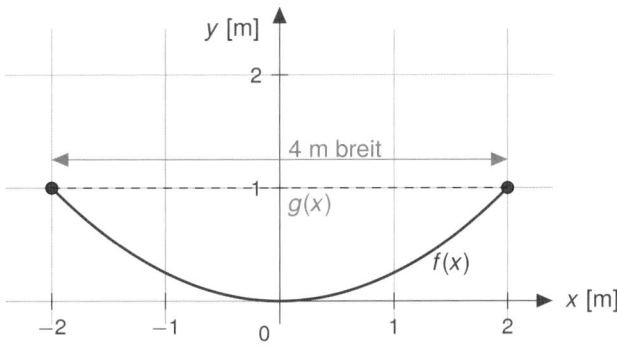

b) Die Querschnittsfläche des Flusses ist die Fläche zwischen der Parallelen $g(x) = 1$ zur x-Achse und der Funktion $f(x)$ im Intervall $[-2, 2]$:

$$A = \int_{-2}^{2} g(x) - f(x) \, dx = \int_{-2}^{2} 1 - 0{,}25x^2 \, dx = \left[-\frac{1}{12}x^3 + x \right]_{-2}^{2} = \frac{8}{3} \text{ [FE]}$$

Antwort: Die Querschnittsfläche des Flusses beträgt $8/3$ m².

zu Aufgabe 1.12.09

a) $\int \underbrace{2x}_{u} \cdot \underbrace{e^x}_{v'} \, dx$

$= 2xe^x - \int 2e^x \, dx$

$= 2xe^x - 2e^x$

$= e^x(2x - 2)$

b) $\int \underbrace{(x-2)}_{u} \cdot \underbrace{e^{2x}}_{v'} \, dx$

$= \frac{1}{2}(x-2)e^{2x} - \int \frac{1}{2}e^{2x} \, dx$

$= \frac{1}{2}(x-2)e^{2x} - \frac{1}{4}e^{2x}$

$= \left(\frac{1}{2}x - \frac{5}{2}\right)e^{2x}$

c) $\int \underbrace{5x}_{u} \cdot \underbrace{e^{3x+2}}_{v'} \, dx$

$= \frac{1}{3}5xe^{3x+2} - \int \frac{1}{3}5e^{3x+2} \, dx$

$= \frac{5}{3}xe^{3x+2} - \frac{5}{9}e^{3x+2} \, dx$

$= \left(\frac{5}{3}x - \frac{5}{9}\right)e^{3x+2}$

d) $\int \underbrace{1}_{v'} \cdot \underbrace{\ln(x)}_{u} \, dx$

$= x\ln(x) - \int x \cdot \frac{1}{x} \, dx$

$= x\ln(x) - \int 1 \, dx$

$= x\ln(x) - x$

zu Aufgabe 1.12.10

a) $\int x^2 e^x \, dx = x^2 e^x - \int 2xe^x \, dx = x^2 e^x - (2xe^x - \int 2e^x \, dx) = x^2 e^x - 2xe^x + 2e^x = (x^2 - 2x + 2)e^x$

b)
$$\int (x^2 - 2x + 2)e^{2x} \, dx = \frac{1}{2}(x^2 - 2x + 2)e^{2x} - \int \underbrace{\frac{1}{2}(2x-2)}_{=(x-1)} e^{2x} \, dx$$

$$= \frac{1}{2}(x^2 - 2x + 2)e^{2x} - \left[\frac{x-1}{2}e^{2x} - \int \frac{1}{2} \cdot e^{2x} \, dx\right]$$

$$= \frac{1}{2}(x^2 - 2x + 2)e^{2x} - \frac{x-1}{2}e^{2x} + \frac{1}{4}e^{2x} = \frac{e^{2x} \cdot (2x^2 - 6x + 7)}{4}$$

c)
$$\int 2x^2 \sin(x) \, dx = -2x^2 \cos(x) - \int -4x \cos(x) \, dx = -2x^2 \cos(x) + \int 4x \cos(x) \, dx$$

$$= -2x^2 \cos(x) + 4x \sin(x) - \int 4\sin(x) \, dx$$

$$= -2x^2 \cos(x) + 4x \sin(x) + 4\cos(x) = 4x \sin(x) + (4 - 2x^2)\cos(x)$$

zu Aufgabe 1.12.11

a) mit $z = x^2$ und $dx = \frac{dz}{2x}$:

$$F(x) = \int 2xe^{x^2} \, dx = \int 2xe^{x^2} \frac{dz}{2x} = \int e^z \, dz = e^z = e^{x^2}$$

b) mit $z = x^2 + 2$ und $dx = \frac{dz}{2x}$:

$$F(x) = \int \frac{4x}{\sqrt{x^2+2}} \, dx = \int \frac{4x}{\sqrt{z}} \frac{dz}{2x} = \int \frac{2}{\sqrt{z}} \, dz = 4z^{1/2} = 4\sqrt{x^2+2}$$

c) mit $z = \ln(x)$ und $dx = x\,dz$:

$$F(x) = \int \frac{1}{x} \ln(x) \, dx = \int \frac{1}{x} \cdot z \, x\,dz = \int z \, dz = \frac{1}{2}z^2 = \frac{1}{2}\ln^2(x)$$

d) mit $z = 3x^3$ und $dx = \frac{dz}{9x^2}$:

$$F(x) = \int 3x^2 e^{3x^3} \, dx = \int 3x^2 e^z \frac{dz}{9x^2} = \int \frac{1}{3}e^z \, dz = \frac{1}{3}e^z = \frac{1}{3}e^{3x^3}$$

zu Aufgabe 1.12.12

a) $\frac{1}{3-1}\int_1^3 3x^2 + 2 \, dx = \frac{1}{2}[x^3 + 2x]_1^3 = \frac{1}{2}(33 - 3) = 15$

b) $\frac{1}{0,5-0}\int_0^{0,5} 2e^{2x} \, dx = 2[e^{2x}]_0^{0,5} = 2(e-1) \approx 3,44$

c) $\frac{1}{4-1}\int_1^4 0,5\sqrt{x} \, dx = \frac{1}{3}[\frac{1}{3}x^{3/2}]_1^4 = \frac{1}{3}(\frac{8}{3} - \frac{1}{3}) = \frac{7}{9}$

zu Aufgabe 1.12.13

a) $V = \pi \cdot \int_1^9 (\sqrt{x-1})^2 \, dx = \pi[\frac{1}{2}x^2 - x]_1^9 = 32\pi \approx 100,53$

Antwort: Das Glas ist mit ca. 100 ml Sekt gefüllt.

b) Antwort: Man benötigt 29,85 cm³ Glas.

$$V = \pi \cdot \int_0^{10} (\sqrt{x})^2 \, dx - \pi \cdot \int_1^{10} (\sqrt{x-1})^2 \, dx$$
$$= \pi \left(\left[\frac{1}{2}x^2\right]_0^{10} - \left[\frac{1}{2}x^2 - x\right]_1^{10} \right) = \pi(50 - 40,5) \approx 29,85$$

zu Aufgabe 1.12.14

a) mit $C = 7$, da $v(0) = 5$:

$$v(t) = \int a(t) \, dt + C = \int 4e^{-2t} \, dt + C = -2e^{-2t} + C$$

mit $C = 9$, da $s(0) = 10$:

$$s(t) = \int v(t) \, dt + C = \int -2e^{-2t} + 7 \, dt + C = e^{-2t} + 7t + C$$

b) mit $v(t) = 6$ folgt:

$$-2e^{-2t} + 7 = 6 \Leftrightarrow -2e^{-2t} = -1 \Leftrightarrow e^{-2t} = 0,5 \Leftrightarrow -2t = \ln(0,5) \Leftrightarrow t \approx 0,35$$

Antwort: Nach einer Zeit von $t = 0,35$s bzw. einer Strecke von $s(0,35) = 11,25$m hat er die Geschwindigkeit erreicht.

c) $\lim_{t\to\infty} \underbrace{-2e^{-2t}}_{\to 0} + 7 \to 7 \quad$ bzw. $\quad \lim_{t\to\infty} \underbrace{e^{-2t}}_{\to 0} + \underbrace{5t}_{\to\infty} + 9 \to \infty$

zu Aufgabe 1.12.15

a) $\int_{6000}^{30000} 6{,}67 \cdot 10^{-11} \frac{6 \cdot 10^{24} \cdot 1000}{r^2} \, dr = 5{,}336 \cdot 10^{13}$

b) $\int_{6000}^{\infty} 6{,}67 \cdot 10^{-11} \frac{6 \cdot 10^{24} \cdot 1000}{r^2} \, dr = 6{,}67 \cdot 10^{13}$

zu Aufgabe 1.12.16 mit *N* als Nullstelle, *E* als Extremstelle und *W* als Wendestelle:

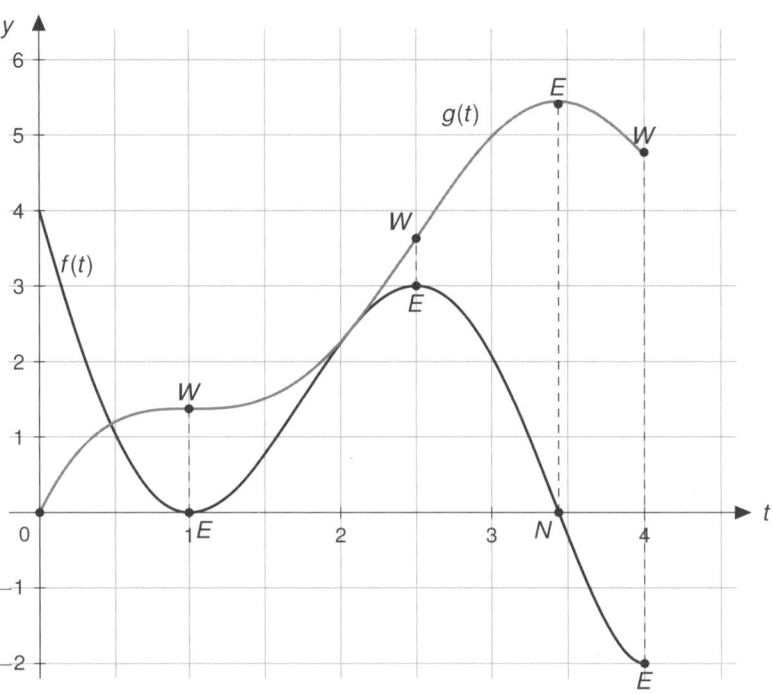

Scharfunktionen

zu Aufgabe 1.13.01

a) Nullstellen: $f_a(x) = 0 \;\Rightarrow\; 2a^2 x \cdot \underbrace{e^{ax}}_{\neq 0} = 0 \;\Rightarrow\; 2a^2 x = 0 \;\Leftrightarrow\; x = 0$

Die einzige Nullstelle liegt bei $x = 0$. Extrempunkte:

$$f'_a(x) = 0 \;\Rightarrow\; (2a^3 x + 2a^2) \cdot \underbrace{e^{ax}}_{\neq 0} = 0 \;\Rightarrow\; 2a^3 x + 2a^2 = 0$$

$$\Leftrightarrow\; 2a^3 x = -2a^2 \;\Rightarrow\; x = -\frac{1}{a}$$

Eine potentielle Extremstelle liegt bei $x = -1/a$, welche wir mit der zweiten Ableitung $f''_a(x) = (2a^4 x + 4a^3)e^{ax}$ prüfen.

$$f''_a(-1/a) = (-2a^3 + 4a^3)e^{-1} = \frac{2a^3}{e} \begin{cases} > 0 \text{ (TP)} &, \text{ für } a > 0 \\ < 0 \text{ (HP)} &, \text{ für } a < 0 \end{cases}$$

Die Extrempunkte liegen mit $f_a(-1/a) = -2ae^{-1}$ also bei $EP(-1/a \mid -2a/e)$.

b) Die Extrempunkte der Kurvenschar liegen bei $EP(-1/a| - 2a/e)$. Wir schreiben die x-Koordinate nach dem Parameter um und erhalten $a = -1/x$. Einsetzen in die y-Koordinate des allgemeinen Extrempunktes liefert die gesuchte Gleichung der Ortskurve $g(x)$, durch die alle Extrema der Funktion gehen:

$$g(x) = \frac{-2 \cdot (-\frac{1}{x})}{e} = \frac{2}{e \cdot x}$$

zu Aufgabe 1.13.02

a) Extrempunkte:

$$f'_a(x) = 0 \quad \Rightarrow \quad 3x^2 - 2ax = 0 \quad \Leftrightarrow \quad x(3x - 2a) = 0$$

$$\Rightarrow \quad x_1 = 0 \quad \wedge \quad 3x_2 - 2a = 0 \Leftrightarrow x_2 = \frac{2}{3}a$$

Es liegen potentielle Extremstellen bei $x_1 = 0$ und $x_2 = 2a/3$, welche wir mit der zweiten Ableitung $f''_a(x) = 6x - 2a$ prüfen.

$$f''_a(0) = -2a \begin{cases} > 0 \text{ (TP)} & \text{, für } a < 0 \\ < 0 \text{ (HP)} & \text{, für } a > 0 \end{cases}, \quad f''_a(2a/3) = 2a \begin{cases} > 0 \text{ (TP)} & \text{, für } a > 0 \\ < 0 \text{ (HP)} & \text{, für } a < 0 \end{cases}$$

Die Extrempunkte liegen mit $f_a(0) = 2$ also bei $E_1(0|2)$ und mit $f_a(2a/3) = (-4a^3/27) + 2$ bei $E_2(2a/3|(-4a^3/27) + 2)$. Wendepunkte:

$$f''_a(x) = 0 \quad \Rightarrow \quad 6x - 2a = 0 \Leftrightarrow x = \frac{1}{3}a, \quad f'''_a(a/3) = 6 \neq 0 \; (WP)$$

Es ist keine Fallunterscheidung notwendig, da die dritte Ableitung unabhängig vom Parameter a ist. Die Wendepunkte liegen mit $f_a(a/3) = (-2a^3/27)+2$ also bei $WP(a/3|(-2a^3/27)+2)$.

b) Die Wendepunkte der Kurvenschar liegen bei $WP(a/3|(-2a^3/27) + 2)$. Wir schreiben die x-Koordinate nach dem Parameter um und erhalten $a = 3x$. Einsetzen in die y-Koordinate des allgemeinen Wendepunktes liefert die gesuchte Gleichung der Ortskurve $g(x)$, durch die alle Wendepunkte der Funktion gehen:

$$g(x) = -\frac{2}{27}(3x)^3 + 2 = -2x^3 + 2$$

c) Gemeinsame Punkte der Funktionenschar:

$$x^3 - a_1x^2 + 2 = x^3 - a_2x^2 + 2 \Leftrightarrow -a_1x^2 = -a_2x^2 \Leftrightarrow 0 = (a_1 - a_2)x^2 \Leftrightarrow x = 0$$

Nur der Punkt $(0|f_a(0))$, also $(0|2)$ ist bei allen Funktionen ortsfest.

zu Aufgabe 1.13.03

a) Die allgemeine Funktion 3. Grades lautet: $f(x) = ax^3 + bx^2 + cx + d$. Die Bedingungen lauten:

$$\text{I} \quad f(0) = 0 \quad \Rightarrow \quad d = 0$$

$$\text{II} \quad f(2) = 0 \quad \Rightarrow \quad 8a + 4b + 2c = 0$$

$$\text{III} \quad f(4) = 1 \quad \Rightarrow \quad 64a + 16b + 4c = 1$$

Es liegen 4 Unbekannte, aber nur 3 Gleichungen vor. Daher können wir nur eine Lösung in Abhängigkeit eines Parameters angeben. Auflösen des LGS liefert die gesuchte Funktionenschar in Abhängigkeit von a:

$$f_a(x) = ax^3 + (-6a + \frac{1}{8})x^2 + (8a - \frac{1}{4})x$$

b) Bedingungen, die erfüllt werden müssen: I $f_a'(0) = 0$ und II $f_a''(0) < 0$. Aus I folgt mit $f_a'(x) = 3ax^2 + 2(-6a + \frac{1}{8})x + 8a - \frac{1}{4}$:

$$f_a'(0) = 8a - \frac{1}{4} \stackrel{!}{=} 0 \Leftrightarrow a = \frac{1}{32}$$

Aus II folgt mit $f_a''(x) = 6ax + 2(-6a + \frac{1}{8})$:

$$f_{1/32}''(0) = -\frac{1}{8} < 0 \checkmark$$

zu Aufgabe 1.13.04

a) Um die Wurfweite herauszufinden, müssen wir wissen, wann die Funktion gleich 0 (Ball schlägt auf Boden auf) ist. Es gilt:

$$f_v(x) = 0 \Rightarrow -\frac{5}{v^2}x^2 + x + 2 = 0 \Rightarrow x_{1,2} = \frac{v^2}{10} \pm \sqrt{\frac{v^4}{100} + \frac{2v^2}{5}}$$

b) Zunächst müssen die Hochpunkte in Abhängigkeit von v mit $f_v'(x) = (-10x/v^2) + 1$ und $f_v''(x) = -10/v^2$ bestimmt werden:

$$f_v'(x) = 0 \Rightarrow -\frac{10}{v^2}x + 1 = 0 \Leftrightarrow x = \frac{v^2}{10}$$

$$f_v''(v^2/10) = -\frac{10}{v^2} < 0 \ (HP) \checkmark$$

Alle Hochpunkte haben die Koordinaten $HP(v^2/10 | (v^2/20) + 2)$. Wir schreiben die x-Koordinate nach dem Parameter um und erhalten $v = \sqrt{10x}$. Einsetzen in die y-Koordinate des allgemeinen Hochpunktes liefert die gesuchte Gleichung der Ortskurve $g(x)$, durch die alle Hochpunkte der Funktion gehen:

$$g(x) = \frac{(\sqrt{10x})^2}{20} + 2 = \frac{1}{2}x + 2$$

Rationale Funktionen

zu Aufgabe 1.14.01

a) Nenner gleich Null setzen: $x - 3 = 0 \Leftrightarrow x = 3$. Die Funktion f hat eine Definitionslücke bei $x = 3$. Da der Zähler bei $x = 3$ ebenfalls Null wird, ist die Nullstelle behebbar:

$$f(x) = \frac{(x-3) \cdot (x+3)}{(x-3)} = x + 3$$

b) Nenner gleich Null setzen: $x - 2 = 0 \Leftrightarrow x = 2$. Die Nullstelle kann nicht behoben werden. Wir untersuchen das Grenzverhalten der Funktion an der Definitionslücke von beiden Seiten.

$$\lim_{x \uparrow 2} \frac{3x^2}{x-2} \to -\infty \quad \text{bzw.} \quad \lim_{x \downarrow 2} \frac{3x^2}{x-2} \to \infty$$

c) Nenner gleich Null setzen: $x^2 - 4 = 0 \Leftrightarrow x_{1,2} = \pm 2$. Die Nullstellen können nicht behoben werden. Wir untersuchen das Grenzverhalten der Funktion an den Definitionslücken von beiden Seiten.

$$\lim_{x \uparrow 2} \frac{e^x}{x^2 - 4} \to -\infty \quad \text{bzw.} \quad \lim_{x \downarrow 2} \frac{e^x}{x^2 - 4} \to \infty$$

$$\lim_{x \uparrow -2} \frac{e^x}{x^2 - 4} \to \infty \quad \text{bzw.} \quad \lim_{x \downarrow -2} \frac{e^x}{x^2 - 4} \to -\infty$$

zu Aufgabe 1.14.02

a) $\lim_{x \to \infty} f(x) \to \frac{1}{2}$ und $\lim_{x \to -\infty} f(x) \to \frac{1}{2}$

b) $\lim_{x \to \infty} f(x) \to 0$ und $\lim_{x \to -\infty} f(x) \to 0$

c) $\lim_{x \to \infty} f(x) \to \infty$ und $\lim_{x \to -\infty} f(x) \to -\infty$

d) $\lim_{x \to \infty} f(x) \to 0$ und $\lim_{x \to -\infty} f(x) \to -\infty$

Trigonometrische Funktionen

zu Aufgabe 1.15.01

a) $f'(x) = -\cos(x)\sin(x) - \sin(x)\cos(x) = -2\cos(x)\sin(x)$

b) $f'(x) = \cos(x)\cos(x) - \sin(x)\sin(x) = \cos^2(x) - \sin^2(x)$

c) $f'(x) = 3\sin(2x) + 6x\cos(2x)$

zu Aufgabe 1.15.02

a) $F(x) = \int \sin(x)\,dx = -\cos(x)$

b) $F(x) = \int \sin(x)\cos(x)\,dx = \sin(x)\sin(x) - \int \sin(x)\cos(x)\,dx \quad | + \int \sin(x)\cos(x)\,dx$

$$\Leftrightarrow \quad 2\int \sin(x)\cos(x)\,dx = \sin(x)\sin(x) \quad |:2$$

$$\Leftrightarrow \quad \underbrace{\int \sin(x)\cos(x)\,dx}_{F(x)} = \frac{1}{2}\sin^2(x)$$

Alternative Lösung: $F(x) = -\frac{1}{2}\cos^2(x)$

c) $F(x) = \int 3x\sin(x)\,dx$
$= -3x\cos(x) - \int 3 \cdot (-\cos(x))\,dx = -3x\cos(x) + 3\sin(x) = 3(\sin(x) - x\cos(x))$

Notizen

B zu Analytische Geometrie

Grundlagen

zu Aufgabe 2.1.01

a) $\vec{a} + \vec{b} = \begin{pmatrix} 2 \\ 4 \\ -1 \end{pmatrix} + \begin{pmatrix} 3 \\ -2 \\ 1 \end{pmatrix} = \begin{pmatrix} 5 \\ 2 \\ 0 \end{pmatrix}$
b) $\vec{b} - \vec{d} = \begin{pmatrix} 3 \\ -2 \\ 1 \end{pmatrix} - \begin{pmatrix} 1 \\ 0 \\ 2 \end{pmatrix} = \begin{pmatrix} 2 \\ -2 \\ -1 \end{pmatrix}$

c) $3 \cdot \vec{d} + 2 \cdot \vec{e} = 3 \cdot \begin{pmatrix} 1 \\ 0 \\ 2 \end{pmatrix} + 2 \cdot \begin{pmatrix} 0 \\ 1 \\ 0 \end{pmatrix} = \begin{pmatrix} 3 \\ 0 \\ 6 \end{pmatrix} + \begin{pmatrix} 0 \\ 2 \\ 0 \end{pmatrix} = \begin{pmatrix} 3 \\ 2 \\ 6 \end{pmatrix}$

d) $\vec{a} + \tfrac{1}{2} \cdot \vec{c} - 4 \cdot \vec{e} = \begin{pmatrix} 2 \\ 4 \\ -1 \end{pmatrix} + \tfrac{1}{2} \cdot \begin{pmatrix} 2 \\ 0 \\ 2 \end{pmatrix} - 4 \cdot \begin{pmatrix} 0 \\ 1 \\ 0 \end{pmatrix} = \begin{pmatrix} 2 \\ 4 \\ -1 \end{pmatrix} + \begin{pmatrix} 1 \\ 0 \\ 1 \end{pmatrix} - \begin{pmatrix} 0 \\ 4 \\ 0 \end{pmatrix} = \begin{pmatrix} 3 \\ 0 \\ 0 \end{pmatrix}$

e) $\vec{b} \bullet \vec{c} = \begin{pmatrix} 3 \\ -2 \\ 1 \end{pmatrix} \bullet \begin{pmatrix} 2 \\ 0 \\ 2 \end{pmatrix} = 3 \cdot 2 + (-2) \cdot 0 + 1 \cdot 2 = 8$

f) $\vec{a} \bullet \vec{d} = \begin{pmatrix} 2 \\ 4 \\ -1 \end{pmatrix} \bullet \begin{pmatrix} 1 \\ 0 \\ 2 \end{pmatrix} = 2 \cdot 1 + 4 \cdot 0 + (-1) \cdot 2 = 0$

g) $(\vec{b} \bullet \vec{d}) \cdot \vec{e} = \left(\begin{pmatrix} 3 \\ -2 \\ 1 \end{pmatrix} \bullet \begin{pmatrix} 1 \\ 0 \\ 2 \end{pmatrix}\right) \cdot \begin{pmatrix} 0 \\ 1 \\ 0 \end{pmatrix} = (3 \cdot 1 + (-2) \cdot 0 + 1 \cdot 2) \cdot \begin{pmatrix} 0 \\ 1 \\ 0 \end{pmatrix} = 5 \cdot \begin{pmatrix} 0 \\ 1 \\ 0 \end{pmatrix} = \begin{pmatrix} 0 \\ 5 \\ 0 \end{pmatrix}$

h) $\vec{b} \times \vec{c} = \begin{pmatrix} 3 \\ -2 \\ 1 \end{pmatrix} \times \begin{pmatrix} 2 \\ 0 \\ 2 \end{pmatrix} = \begin{pmatrix} (-2) \cdot 2 - 1 \cdot 0 \\ 1 \cdot 2 - 3 \cdot 2 \\ 3 \cdot 0 - (-2) \cdot 2 \end{pmatrix} = \begin{pmatrix} -4 \\ -4 \\ 4 \end{pmatrix}$

i) $\vec{d} \times \vec{e} = \begin{pmatrix} 1 \\ 0 \\ 2 \end{pmatrix} \times \begin{pmatrix} 0 \\ 1 \\ 0 \end{pmatrix} = \begin{pmatrix} 0 \cdot 0 - 2 \cdot 1 \\ 2 \cdot 0 - 1 \cdot 0 \\ 1 \cdot 1 - 0 \cdot 0 \end{pmatrix} = \begin{pmatrix} -2 \\ 0 \\ 1 \end{pmatrix}$

j) $(\vec{a} \times \vec{b}) \bullet \vec{c} = \left(\begin{pmatrix} 2 \\ 4 \\ -1 \end{pmatrix} \times \begin{pmatrix} 3 \\ -2 \\ 1 \end{pmatrix} \right) \bullet \begin{pmatrix} 2 \\ 0 \\ 2 \end{pmatrix} = \begin{pmatrix} 4 \cdot 1 - (-1) \cdot (-2) \\ (-1) \cdot 3 - 2 \cdot 1 \\ 2 \cdot (-2) - 4 \cdot 3 \end{pmatrix} \bullet \begin{pmatrix} 2 \\ 0 \\ 2 \end{pmatrix}$

$= \begin{pmatrix} 2 \\ -5 \\ -16 \end{pmatrix} \bullet \begin{pmatrix} 2 \\ 0 \\ 2 \end{pmatrix} = 2 \cdot 2 + (-5) \cdot 0 + (-16) \cdot 2 = -28$

k) $|\vec{a}| = \left| \begin{pmatrix} 2 \\ 4 \\ -1 \end{pmatrix} \right| = \sqrt{2^2 + 4^2 + (-1)^2} = \sqrt{21} \approx 4,58$

l) $|\vec{c} + \vec{d}| = \left| \begin{pmatrix} 2 \\ 0 \\ 2 \end{pmatrix} + \begin{pmatrix} 1 \\ 0 \\ 2 \end{pmatrix} \right| = \left| \begin{pmatrix} 3 \\ 0 \\ 4 \end{pmatrix} \right| = \sqrt{3^2 + 0^2 + 4^2} = \sqrt{25} = 5$

zu Aufgabe 2.1.02

$M_{PQ} = \left(\frac{3+2}{2} \mid \frac{1+(-1)}{2} \mid \frac{-3+0}{2} \right) = (2,5 \mid 0 \mid -1,5)$

$M_{QR} = \left(\frac{2+(-5)}{2} \mid \frac{(-1)+0}{2} \mid \frac{0+(-3)}{2} \right) = (-1,5 \mid -0,5 \mid -1,5)$

$M_{RP} = \left(\frac{(-5)+3}{2} \mid \frac{0+1}{2} \mid \frac{(-3)+(-3)}{2} \right) = (-1 \mid 0,5 \mid -3)$

$S_{PQR} = \frac{1}{3}(3 + 2 + (-5) \mid 1 + (-1) + 0 \mid (-3) + 0 + (-3)) = (0 \mid 0 \mid -2)$

zu Aufgabe 2.1.03

a) Ansatz: $\begin{pmatrix} 2 \\ 4 \end{pmatrix} = r \cdot \begin{pmatrix} 1 \\ -1 \end{pmatrix}$, daraus ergibt sich ein LGS:

$\text{I} \quad 2 = r \cdot 1 \quad \Rightarrow \quad r = 2$

$\text{II} \quad 4 = r \cdot (-1) \quad \Rightarrow \quad r = -4$

Wir lösen beiden Gleichungen nach r auf und sehen, dass wir zwei unterschiedliche Werte erhalten. Aus diesem Grund sind die Vektoren linear unabhängig.

b) Ansatz: $\begin{pmatrix} 1 \\ -3 \end{pmatrix} = r \cdot \begin{pmatrix} -3 \\ 9 \end{pmatrix}$, daraus ergibt sich ein LGS:

$$\text{I} \quad 1 = r \cdot (-3) \Rightarrow r = -1/3$$
$$\text{II} \quad -3 = r \cdot 9 \Rightarrow r = -1/3$$

Wir lösen beiden Gleichungen nach r auf und sehen, dass wir zweimal den gleichen Wert erhalten. Aus diesem Grund sind die Vektoren linear abhängig.

c) Ansatz: $\begin{pmatrix} 1 \\ 3 \\ -2 \end{pmatrix} = r \cdot \begin{pmatrix} -2 \\ 4 \\ -4 \end{pmatrix}$, daraus ergibt sich ein LGS:

$$\text{I} \quad 1 = r \cdot (-2) \Rightarrow r = -1/2$$
$$\text{II} \quad 3 = r \cdot 4 \Rightarrow r = 3/4$$
$$\text{II} \quad -2 = r \cdot (-4) \Rightarrow r = 1/2$$

Wir lösen alle Gleichungen nach r auf und sehen, dass wir unterschiedliche Wert erhalten. Aus diesem Grund sind die Vektoren linear unabhängig.

d) Ansatz: $\begin{pmatrix} 1 \\ 3 \\ 0 \end{pmatrix} = r \cdot \begin{pmatrix} -2 \\ 1 \\ 3 \end{pmatrix} + s \cdot \begin{pmatrix} -5 \\ -1 \\ 6 \end{pmatrix}$, daraus ergibt sich ein LGS:

$$\text{I} \quad 1 = -2r - 5s$$
$$\text{II} \quad 3 = r - s$$
$$\text{III} \quad 0 = 3r + 6s$$

Aus den ersten beiden Gleichungen können wir eine Lösung für r und s finden, in dem wir I+2II rechnen: $7 = -7s$ bzw. $s = -1$. Das Ergebnis für s in Gleichung I einsetzen um r zu bestimmen:

$$1 = -2r - 5 \cdot (-1) \Rightarrow r = 2$$

Zur Kontrolle setzen wir die herausgefundenen Werte in Gleichung III ein und erhalten mit

$$0 = 3 \cdot 2 + 6 \cdot (-1) = 0 \checkmark$$

eine wahre Aussage. Damit sind die Vektoren linear abhängig. Alternativer Lösungsansatz mit dem Gaußverfahren!

e) Ansatz: $\begin{pmatrix} 3 \\ 3 \\ 0 \end{pmatrix} = r \cdot \begin{pmatrix} 2 \\ -6 \\ 6 \end{pmatrix} + s \cdot \begin{pmatrix} 0 \\ 5 \\ -3 \end{pmatrix}$, daraus ergibt sich ein LGS:

$$\begin{array}{rrrrr} \text{I} & 3 = & 2r & & \\ \text{II} & 3 = & -6r & + & 5s \\ \text{III} & 0 = & 6r & - & 3s \end{array}$$

Aus Gleichung I folgt direkt $r = 1{,}5$ und diesen Wert setzen wir in Gleichung II ein, um s zu bestimmen:

$$3 = -6 \cdot 1{,}5 + 5s \quad \Rightarrow \quad s = 1{,}8$$

Zur Kontrolle setzen wir die herausgefundenen Werte in Gleichung III ein und erhalten mit

$$0 = 6 \cdot 1{,}5 - 3 \cdot 1{,}8 = 3{,}6 \quad \lightning$$

eine falsche Aussage. Damit sind die Vektoren linear unabhängig.

Alternativer Lösungsansatz: Gaußverfahren!

zu Aufgabe 2.1.04

a) Um zu zeigen, dass das Dreieck gleichschenklig ist, berechnen wir die Längen der Seiten:

$$\left|\vec{AB}\right| = \left|\begin{pmatrix} 2 \\ -2 \\ 2 \end{pmatrix}\right| = \sqrt{12}, \quad \left|\vec{BC}\right| = \left|\begin{pmatrix} 1 \\ 3 \\ -1 \end{pmatrix}\right| = \sqrt{11}, \quad \left|\vec{AC}\right| = \left|\begin{pmatrix} 3 \\ 1 \\ 1 \end{pmatrix}\right| = \sqrt{11}$$

Da zwei Seiten gleich lang sind, ist das Dreieck gleichschenklig.

b) Für den Schwerpunkt verwenden wir die passende Formel:

$$\vec{OS} = \frac{1}{3}\left(\vec{OA} + \vec{OB} + \vec{OC}\right) = \frac{1}{3}\begin{pmatrix} 8 \\ 8 \\ 0 \end{pmatrix} \Rightarrow S\left(\frac{8}{3} \mid \frac{8}{3} \mid 0\right)$$

c) Da $\vec{AB}$ die ungleiche Seite ist, ist Punkt D der gespiegelte Punkt von C über die Seite $\vec{AB}$. Dazu berechnen wir den Mittelpunkt M zwischen Punkt A und B und addieren dazu den Vektor $\vec{CM}$.

$$\vec{OM} = \frac{1}{2}\begin{pmatrix} 1+3 \\ 3+1 \\ -1+1 \end{pmatrix} = \begin{pmatrix} 2 \\ 2 \\ 0 \end{pmatrix} \Rightarrow \vec{OD} = \vec{OM} + \vec{CM} = \begin{pmatrix} 2 \\ 2 \\ 0 \end{pmatrix} + \begin{pmatrix} -2 \\ -2 \\ 0 \end{pmatrix} = \begin{pmatrix} 0 \\ 0 \\ 0 \end{pmatrix}$$

Der Punkt D liegt somit im Ursprung bei $D(0|0|0)$.

zu Aufgabe 2.1.05

a) Da die Pyramide gleichseitig werden soll, muss die x_1- und x_2-Koordinate der Spitze genau in der Mitte der vier Punkte liegen: $S(2|2|x_3)$. Die Höhe der Pyramide ist die x_3-Koordinate der Spitze, da die Grundfläche der Pyramide in der x_1x_2-Ebene liegt. Da das Volumen 16 sein soll, verwenden wir die Volumenformel um die Spitze zu bestimmen:

$$V = \frac{1}{3}Gh = \frac{1}{3} \cdot (4 \cdot 4) \cdot x_3 \stackrel{!}{=} 16 \quad \Rightarrow \quad x_3 = 3$$

Die Spitze hat also die Koordinaten $S(2|2|3)$.

b) Für die Oberfläche der Pyramide müssen wir alle Seitenflächen und die Grundfläche addieren. Da die vier Seitenflächen gleich sind, ist die Oberfläche $O = G + 4S$. Die Grundfläche beträgt $G = 4 \cdot 4 = 16$. Für die Seitenflächen benötigen wir die Höhe der Seitenflächen h_S, welche die Verbindung zwischen Mittelpunkt einer Seitenfläche und der Spitze S ist.

Es folgt mit $M_{CD}(4|2|0)$:

$$h_S = \left|\overrightarrow{SM}_{CD}\right| = \left|\begin{pmatrix} 4-2 \\ 2-2 \\ 0-3 \end{pmatrix}\right|$$

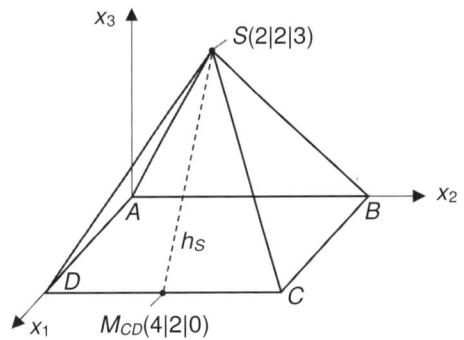

$$= \sqrt{2^2 + 0^2 + (-3)^2} = \sqrt{13}$$

Die Seitenfläche beträgt demnach $S = \frac{1}{2} \cdot g \cdot h_S = \frac{1}{2} \cdot 4 \cdot \sqrt{13} = 2\sqrt{13}$ und damit folgt für die gesamte Oberfläche

$$O = 4 \cdot 4 + 4 \cdot 2\sqrt{13} = 16 + 8\sqrt{13} \approx 44{,}84 \; [\text{FE}]$$

zu Aufgabe 2.1.06

a) Das Wichtige an der x_1x_2-Ebene ist, dass $x_3 = 0$ ist. Die anderen beiden Koordinaten können wir uns frei aussuchen. Zum Beispiel $A(2|2|0)$ und $B(3|-1|0)$.

b) A liegt in der x_1x_3-Ebene, B in der x_2x_3-Ebene und C liegt sowohl in der x_1x_3-, als auch in der x_2x_3-Ebene.

c) Da die Punkte sowohl in der x_1-, als auch in der x_2-Koordinate eine 0 haben müssen, können sie nur in der x_3-Komponente eine bel. Zahl haben. Punkte, die auf der x_3-Achse liegen, haben also die allgemeine Form $P(0|0|a)$ mit $a \in \mathbb{R}$.

zu Aufgabe 2.1.07 a) richtig   b) falsch   c) richtig   d) falsch

Geraden

zu Aufgabe 2.2.01

a) $\vec{r} = \vec{PQ} = \begin{pmatrix} 1-2 \\ 7-5 \\ 0-1 \end{pmatrix} = \begin{pmatrix} -1 \\ 2 \\ -1 \end{pmatrix} \Rightarrow g: \vec{x} = \begin{pmatrix} 2 \\ 5 \\ 1 \end{pmatrix} + s \cdot \begin{pmatrix} -1 \\ 2 \\ -1 \end{pmatrix}, s \in \mathbb{R}$

b) $\vec{r} = \vec{PQ} = \begin{pmatrix} -1-1 \\ 0,5-1 \\ 2-1 \end{pmatrix} = \begin{pmatrix} -2 \\ -0,5 \\ 1 \end{pmatrix} \Rightarrow g: \vec{x} = \begin{pmatrix} 1 \\ 1 \\ 1 \end{pmatrix} + s \cdot \begin{pmatrix} -2 \\ -0,5 \\ 1 \end{pmatrix}, s \in \mathbb{R}$

c) $\vec{r} = \vec{OP} = \begin{pmatrix} 2 \\ 1 \\ -1 \end{pmatrix} \Rightarrow g: \vec{x} = \begin{pmatrix} 0 \\ 0 \\ 0 \end{pmatrix} + s \cdot \begin{pmatrix} 2 \\ 1 \\ -1 \end{pmatrix}, s \in \mathbb{R}$

d) $\vec{r} = \vec{e}_2 = \begin{pmatrix} 0 \\ 1 \\ 0 \end{pmatrix} \Rightarrow g: \vec{x} = \begin{pmatrix} 2 \\ 0 \\ 3 \end{pmatrix} + s \cdot \begin{pmatrix} 0 \\ 1 \\ 0 \end{pmatrix}, s \in \mathbb{R}$

zu Aufgabe 2.2.02

a) $\vec{r} = \vec{PQ} = \begin{pmatrix} 2-1 \\ 4-2 \\ 2-3 \end{pmatrix} = \begin{pmatrix} 1 \\ 2 \\ -1 \end{pmatrix} \Rightarrow g: \vec{x} = \begin{pmatrix} 1 \\ 2 \\ 3 \end{pmatrix} + s \cdot \begin{pmatrix} 1 \\ 2 \\ -1 \end{pmatrix}, s \in \mathbb{R}$

b) Um zu prüfen, ob der Punkt A auf der Geraden liegt, setzen wir diesen in g ein und erhalten folgendes LGS,

$\begin{pmatrix} -1 \\ 2 \\ 2 \end{pmatrix} = \begin{pmatrix} 1 \\ 2 \\ 3 \end{pmatrix} + s \cdot \begin{pmatrix} 1 \\ 2 \\ -1 \end{pmatrix} \Rightarrow \begin{matrix} \text{I} & -1 = 1 + s & \Rightarrow s = -2 \\ \text{II} & 2 = 2 + 2s & \Rightarrow s = 0 \\ \text{III} & 2 = 3 - s & \Rightarrow s = 1 \end{matrix}$

welches wir nach dem Parameter s auflösen. Interpretation: Da wir für s verschiedene Werte rausbekommen, liegt der Punkt A nicht auf der Geraden g.

zu Aufgabe 2.2.03

a) $\vec{r} = \vec{PQ} = \begin{pmatrix} 5-1 \\ 4-(-2) \\ 5-3 \end{pmatrix} = \begin{pmatrix} 4 \\ 6 \\ 2 \end{pmatrix} \Rightarrow g: \vec{x} = \begin{pmatrix} 1 \\ -2 \\ 3 \end{pmatrix} + s \cdot \begin{pmatrix} 4 \\ 6 \\ 2 \end{pmatrix}, s \in \mathbb{R}$

b) Um zu prüfen, ob der Punkt A auf der Geraden liegt, setzen wir diesen in g ein und erhalten folgendes LGS,

$$\begin{pmatrix} 3 \\ 1 \\ 4 \end{pmatrix} = \begin{pmatrix} 1 \\ -2 \\ 3 \end{pmatrix} + s \cdot \begin{pmatrix} 4 \\ 6 \\ 2 \end{pmatrix} \Rightarrow \begin{array}{llll} \text{I} & 3 = & 1 + 4s & \Rightarrow s = 0{,}5 \\ \text{II} & 1 = & -2 + 6s & \Rightarrow s = 0{,}5 \\ \text{III} & 4 = & 3 + 2s & \Rightarrow s = 0{,}5 \end{array}$$

welches wir nach dem Parameter s auflösen. Interpretation: Da wir für s überall den gleichen Wert rausbekommen, liegt der Punkt A auf der Geraden g.

c) Für die $x_1 x_2$-Ebene setzen wir die x_3-Komponente in Gleichung III der Gerade gleich Null:

$$\text{III} \quad 0 = 3 + 2s \quad \Rightarrow s = -1{,}5$$

Wenn wir das Ergebnis nun in die Geradengleichung einsetzen, finden wir den Spurpunkt der $x_1 x_2$-Ebene:

$$S_{12} = \begin{pmatrix} 1 \\ -2 \\ 3 \end{pmatrix} + (-1{,}5) \cdot \begin{pmatrix} 4 \\ 6 \\ 2 \end{pmatrix} = \begin{pmatrix} -5 \\ -11 \\ 0 \end{pmatrix}$$

Analog machen wir das auch für die anderen beiden Koordinatenebenen. Für S_{23} setzen wir $x_1 = 0$ und erhalten:

$$\text{I} \quad 0 = 1 + 4s \Rightarrow s = -0{,}25 \Rightarrow S_{23} = \begin{pmatrix} 1 \\ -2 \\ 3 \end{pmatrix} + (-0{,}25) \cdot \begin{pmatrix} 4 \\ 6 \\ 2 \end{pmatrix} = \begin{pmatrix} 0 \\ -3{,}5 \\ 2{,}5 \end{pmatrix}$$

Für S_{13} setzen wir $x_2 = 0$ und erhalten:

$$\text{II} \quad 0 = -2 + 6s \Rightarrow s = \frac{1}{3} \Rightarrow S_{23} = \begin{pmatrix} 1 \\ -2 \\ 3 \end{pmatrix} + \frac{1}{3} \cdot \begin{pmatrix} 4 \\ 6 \\ 2 \end{pmatrix} = \begin{pmatrix} \frac{7}{3} \\ 0 \\ \frac{11}{3} \end{pmatrix}$$

zu Aufgabe 2.2.04

a) Da die Spinne 4 cm hoch sitzt und das Fenster 30x40 cm groß ist, ist die x-Koordinate der Spinne 3 und die y-Koordinate 4. Da die Spinne 5 cm pro Sekunde läuft und der gesamte Faden nach Satz des Pythagoras 50 cm lang ist, läuft sie in jeder Sekunde den Vektor $(3\ 4)^T$. Damit folgt für die Geradengleichung:

$$s(t): \vec{x} = \begin{pmatrix} 3 \\ 4 \end{pmatrix} + t \cdot \begin{pmatrix} 3 \\ 4 \end{pmatrix}, t \in \mathbb{R}$$

b) Die obere rechte Ecke des Fensters hat die Koordinaten (30|40). Diesen Punkt setzen wir in die Geradengleichung ein und erhalten:

$$\begin{pmatrix} 30 \\ 40 \end{pmatrix} = \begin{pmatrix} 3 \\ 4 \end{pmatrix} + t \cdot \begin{pmatrix} 3 \\ 4 \end{pmatrix} \quad \Rightarrow \quad \begin{array}{l} \text{I} \quad 30 = 3 + 3t \Rightarrow t = 9 \\ \text{II} \quad 40 = 4 + 4t \Rightarrow t = 9 \end{array}$$

Interpretation: Die Spinne erreicht nach 9 Sekunden die obere Ecke des Fensters.

Die Geschwindigkeit der Spinne ist der Betrag des Richtungsvektors, da der Richtungsvektor den Weg in einer Sekunde beschreibt.

$$\left| \begin{pmatrix} 3 \\ 4 \end{pmatrix} \right| = \sqrt{3^2 + 4^2} = \sqrt{25} = 5 \; \frac{\text{cm}}{\text{s}}$$

Interpretation: Die Spinne bewegt sich 5 cm pro Sekunde. Da wir die Geschwindigkeit allerdings in m pro Sekunde angeben sollen, rechnen wir die Geschwindigkeit noch um:

$$5 \; \frac{\text{cm}}{\text{s}} \cdot 0{,}01 \; \frac{\text{m}}{\text{cm}} = 0{,}05 \; \frac{\text{m}}{\text{s}}$$

zu Aufgabe 2.2.05

a) Adler: $\vec{AC} = \begin{pmatrix} 17 - 20 \\ 21 - 25 \\ 120 - 120 \end{pmatrix} = \begin{pmatrix} -3 \\ -4 \\ 0 \end{pmatrix} \Rightarrow a: \vec{x} = \begin{pmatrix} 20 \\ 25 \\ 120 \end{pmatrix} + t \cdot \begin{pmatrix} -3 \\ -4 \\ 0 \end{pmatrix}, t \in \mathbb{R}$

Spatz: $\vec{BD} = \begin{pmatrix} 8 - 10 \\ 9 - 10 \\ 120 - 121 \end{pmatrix} = \begin{pmatrix} -2 \\ -1 \\ -1 \end{pmatrix} \Rightarrow s: \vec{x} = \begin{pmatrix} 10 \\ 10 \\ 121 \end{pmatrix} + t \cdot \begin{pmatrix} -2 \\ -1 \\ -1 \end{pmatrix}, t \in \mathbb{R}$

b) Da hier der Richtungsvektor die zurückgelegte Strecke in einer Sekunde beschreibt, ist der Betrag des Richtungsvektors die Geschwindigkeit.

$$v_A = \left| \begin{pmatrix} -3 \\ -4 \\ 0 \end{pmatrix} \right| = \sqrt{(-3)^2 + (-4)^2 + 0^2} = \sqrt{25} = 5 \; \frac{\text{m}}{\text{s}}$$

$$v_S = \left| \begin{pmatrix} -2 \\ -1 \\ -1 \end{pmatrix} \right| = \sqrt{(-2)^2 + (-1)^2 + (-1)^2} = \sqrt{6} \approx 2{,}45 \; \frac{\text{m}}{\text{s}}$$

c) Um den Abstand zwischen den beiden Vögeln zu bestimmen, bestimmen wir zunächst den Vektor zwischen den Beiden in Abhängigkeit von t. Wir ziehen also die Geradengleichungen voneinander ab:

$$\begin{pmatrix} 10 - 2t \\ 10 - t \\ 121 - t \end{pmatrix} - \begin{pmatrix} 20 - 3t \\ 25 - 4t \\ 120 \end{pmatrix} = \begin{pmatrix} -10 + t \\ -15 + 3t \\ 1 - t \end{pmatrix}$$

Davon bestimmen wir den Betrag, um den Abstand in Abhängigkeit von t zu erhalten:

$$d(t) = \left|\begin{pmatrix} -10 + t \\ -15 + 3t \\ 1 - t \end{pmatrix}\right| = \sqrt{(-10+t)^2 + (-15+3t)^2 + (1-t)^2} = \sqrt{11t^2 - 112t + 326}$$

Da wir den kürzesten Abstand suchen, müssen wir die Funktion auf Extremstellen untersuchen. Dafür können wir die Wurzel erstmal weglassen.

$$f(t) = 11t^2 - 112t + 326 \quad \Rightarrow \quad f'(t) = 22t - 112 = 0 \quad \Rightarrow \quad t \approx \frac{56}{11} \approx 5{,}09$$

Einsetzen der möglichen Extremstelle in die zweite Ableitung $f''(56/11) = 22 > 0$ zeigt, dass es sich um ein Minimum handelt. Damit können wir den gesuchten kürzesten Abstand berechnen:

$$d\left(\frac{56}{11}\right) = \sqrt{11\left(\frac{56}{11}\right)^2 - 112 \cdot \frac{56}{11} + 326} \approx 6{,}4 \text{ m}$$

Interpretation: Der kürzeste Abstand zwischen Adler und Spatz beträgt 6,4 m. Da der Spatz weiter als 5 m vom Adler entfernt ist, wird er nicht gefressen.

zu Aufgabe 2.2.06: a) richtig   b) falsch   c) richtig   d) richtig

Ebenen

zu Aufgabe 2.3.01

a) Die Ebenengleichung lautet:

$$E : \vec{x} = \begin{pmatrix} 0 \\ -1 \\ 6 \end{pmatrix} + r \cdot \begin{pmatrix} 1 \\ 0 \\ -0{,}8 \end{pmatrix} + s \cdot \begin{pmatrix} 0 - 0 \\ 1 - (-1) \\ 2 - 6 \end{pmatrix}$$

$$= \begin{pmatrix} 0 \\ -1 \\ 6 \end{pmatrix} + r \cdot \begin{pmatrix} 1 \\ 0 \\ -0{,}8 \end{pmatrix} + s \cdot \begin{pmatrix} 0 \\ 2 \\ -4 \end{pmatrix}, r,s \in \mathbb{R}$$

b) mit x_1-Achse: x_2- und x_3-Komponente müssen gleich Null sein. Es folgt das LGS:

$$\text{I} \quad 0 = -1 + 2s \quad \Rightarrow \quad s = 0{,}5$$
$$\text{II} \quad 0 = 6 - 0{,}8r - 4s \quad \Rightarrow \quad 0 = 6 - 0{,}8r - 4 \cdot (0{,}5)$$

welches in der ersten Zeile direkt nach $s = 0{,}5$ aufgelöst werden kann. Einsetzen von s in II liefert für $r = 5$. Die Werte für r und s anschließend in die Ebene einsetzen um den Spurpunkt mit der x_1-Achse erhalten:

$$x_1 = 0 + 5 \cdot 1 + 0{,}5 \cdot 0 = 5 \quad \Rightarrow \quad S_1(5|0|0)$$

Analog werden die anderen Spurpunkte ermittelt. Sie lauten $S_2(0|2|0)$ und $S_3(0|0|4)$.

zu Aufgabe 2.3.02

a) Die Ebenengleichung lautet:

$$E: \vec{x} = \begin{pmatrix} 2 \\ -1 \\ 5 \end{pmatrix} + r \cdot \begin{pmatrix} 3-2 \\ 2-(-1) \\ -1-5 \end{pmatrix} + s \cdot \begin{pmatrix} 1-2 \\ 0-(-1) \\ 4-5 \end{pmatrix}$$

$$= \begin{pmatrix} 2 \\ -1 \\ 5 \end{pmatrix} + r \cdot \begin{pmatrix} 1 \\ 3 \\ -6 \end{pmatrix} + s \cdot \begin{pmatrix} -1 \\ 1 \\ -1 \end{pmatrix}, r,s \in \mathbb{R}$$

b) Um zu prüfen, ob der Punkt D in der Ebene liegt, setzen wir diesen in E ein und erhalten:

$$\begin{pmatrix} 2 \\ 3 \\ -7 \end{pmatrix} = \begin{pmatrix} 2 \\ -1 \\ 5 \end{pmatrix} + r \cdot \begin{pmatrix} 1 \\ 3 \\ -6 \end{pmatrix} + s \cdot \begin{pmatrix} -1 \\ 1 \\ -1 \end{pmatrix}$$

Daraus ergibt sich folgendes LGS, welches wir mit den beiden ersten Gleichungen nach den Parametern r und s auflösen:

$$\begin{array}{rrrrrrr} \text{I} & 2 & = & 2 & + & r & - & s \\ \text{II} & 3 & = & -1 & + & 3r & + & s \end{array} \xRightarrow{\text{I+II}} 5 = 1 + 4r \Leftrightarrow r = 1$$

$$\text{III} \quad -7 = 5 - 6r - s$$

Für s setzen wir $r = 1$ in die erste Gleichung ein und erhalten $s = 1$. Wir prüfen mit Gleichung III nun, ob der Punkt in der Ebene liegt oder nicht und setzen dafür r und s in die Gleichung ein:

$$-7 = 5 - 6 \cdot 1 - 1 = -2 \quad \lightning$$

Interpretation: Da wir eine falsche Aussage rausbekommen, liegt der Punkt D nicht in der Ebene E.

Um zu prüfen, ob der Punkt F in der Ebene liegt, setzen wir diesen in E ein und erhalten das folgende LGS:

$$\begin{array}{rrrrrrr} \text{I} & 7 & = & 2 & + & r & - & s \\ \text{II} & 2 & = & -1 & + & 3r & + & s \end{array} \xRightarrow{\text{I+II}} 9 = 1 + 4r \Leftrightarrow r = 2$$

$$\text{III} \quad -4 = 5 - 6r - s$$

Für s setzen wir $r = 2$ in die erste Gleichung ein und erhalten $s = -3$. Wir prüfen mit Gleichung III nun, ob der Punkt auf der Ebene liegt oder nicht und setzen dafür r und s in die Gleichung ein:

$$-4 = 5 - 6 \cdot 2 - (-3) = -4 \quad \checkmark$$

Interpretation: Da wir eine wahre Aussage rausbekommen, liegt Punkt F in der Ebene E.

c) Wir erstellen den Normalenvektor mit Hilfe des Kreuzprodukts:

$$\vec{n} = \begin{pmatrix} 1 \\ 3 \\ -6 \end{pmatrix} \times \begin{pmatrix} -1 \\ 1 \\ -1 \end{pmatrix} = \begin{pmatrix} 3 \\ 7 \\ 4 \end{pmatrix}$$

d) Die Normalenform der Ebene lautet:

$$E : \left(\vec{x} - \begin{pmatrix} 2 \\ -1 \\ 5 \end{pmatrix} \right) \bullet \begin{pmatrix} 3 \\ 7 \\ 4 \end{pmatrix} = 0$$

Die Koordinatenform der Ebene lautet mit dem Ansatz $\vec{x} \bullet \vec{n} = \vec{p} \bullet \vec{n}$:

$$\begin{pmatrix} x_1 \\ x_2 \\ x_3 \end{pmatrix} \bullet \begin{pmatrix} 3 \\ 7 \\ 4 \end{pmatrix} = \begin{pmatrix} 2 \\ -1 \\ 5 \end{pmatrix} \bullet \begin{pmatrix} 3 \\ 7 \\ 4 \end{pmatrix} \quad \Rightarrow \quad E : 3x_1 + 7x_2 + 4x_3 = 19$$

zu Aufgabe 2.3.03

a) Für die Ebene E benutzen wir den Schnittpunkt als Stützvektor und die Richtungsvektoren der Geraden als Spannvektoren:

$$E : \vec{x} = \begin{pmatrix} 5 \\ 0 \\ 1 \end{pmatrix} + t \cdot \begin{pmatrix} 3 \\ 1 \\ 1 \end{pmatrix} + u \cdot \begin{pmatrix} -1 \\ 1 \\ 0 \end{pmatrix}, t, u \in \mathbb{R}$$

b) Den Normalenvektor der Ebene bestimmen wir mit dem Kreuzprodukt:

$$\vec{n} = \begin{pmatrix} 3 \\ 1 \\ 1 \end{pmatrix} \times \begin{pmatrix} -1 \\ 1 \\ 0 \end{pmatrix} = \begin{pmatrix} -1 \\ -1 \\ 4 \end{pmatrix}$$

Die Normenform der Ebene lautet somit

$$E : \left(\vec{x} - \begin{pmatrix} 5 \\ 0 \\ 1 \end{pmatrix} \right) \bullet \begin{pmatrix} -1 \\ -1 \\ 4 \end{pmatrix} = 0$$

und die Koordinatenform mit dem Ansatz $\vec{x} \bullet \vec{n} = \vec{p} \bullet \vec{n}$:

$$\begin{pmatrix} x_1 \\ x_2 \\ x_3 \end{pmatrix} \bullet \begin{pmatrix} -1 \\ -1 \\ 4 \end{pmatrix} = \begin{pmatrix} 5 \\ 0 \\ 1 \end{pmatrix} \bullet \begin{pmatrix} -1 \\ -1 \\ 4 \end{pmatrix} \quad \Rightarrow \quad E : -x_1 - x_2 + 4x_3 = -1$$

zu Aufgabe 2.3.04

a) $E: \vec{x} = \begin{pmatrix} 0 \\ 0 \\ -5 \end{pmatrix} + s \cdot \begin{pmatrix} 1 \\ 0 \\ 2 \end{pmatrix} + t \cdot \begin{pmatrix} 0 \\ 1 \\ 1 \end{pmatrix}$, $E: \left(\vec{x} - \begin{pmatrix} 0 \\ 0 \\ -5 \end{pmatrix} \right) \bullet \begin{pmatrix} -2 \\ -1 \\ 1 \end{pmatrix} = 0$,

$E: -2x_1 - x_2 + x_3 = -5$

b) $E: \vec{x} = \begin{pmatrix} 2 \\ 0 \\ -2 \end{pmatrix} + s \cdot \begin{pmatrix} 1 \\ 0 \\ 3 \end{pmatrix} + t \cdot \begin{pmatrix} 1 \\ 4 \\ 3 \end{pmatrix}$, $E: \left(\vec{x} - \begin{pmatrix} 2 \\ 0 \\ -2 \end{pmatrix} \right) \bullet \begin{pmatrix} -12 \\ 0 \\ 4 \end{pmatrix} = 0$,

$E: -12x_1 + 4x_3 = -32$

c) $E: \vec{x} = \begin{pmatrix} 0 \\ 0 \\ -8 \end{pmatrix} + s \cdot \begin{pmatrix} 1 \\ 0 \\ 3 \end{pmatrix} + t \cdot \begin{pmatrix} 0 \\ 1 \\ 0 \end{pmatrix}$, $E: \left(\vec{x} - \begin{pmatrix} 0 \\ 0 \\ -8 \end{pmatrix} \right) \bullet \begin{pmatrix} -3 \\ 0 \\ 1 \end{pmatrix} = 0$,

$E: -3x_1 + x_3 = -8$

zu Aufgabe 2.3.05 a) richtig   b) falsch   c) falsch   d) richtig

Lagebeziehungen

zu Aufgabe 2.4.01 Wir gehen immer strikt nach dem Vorgehen vor.

a) RV vergleichen: $\begin{pmatrix} -2 \\ 1 \\ 3 \end{pmatrix} = t \cdot \begin{pmatrix} 6 \\ -3 \\ -9 \end{pmatrix}$

zeigt, dass t in jeder Zeile den Wert $-1/3$ annimmt. Damit sind die Vektoren Vielfache voneinander. Anschließend machen wir eine Punktprobe, um zu schauen ob die Geraden parallel oder identisch sind:

$\begin{pmatrix} 2 \\ 1 \\ -1 \end{pmatrix} = \begin{pmatrix} 4 \\ -3 \\ 1 \end{pmatrix} + r \cdot \begin{pmatrix} -2 \\ 1 \\ 3 \end{pmatrix} \quad \Rightarrow \quad \begin{array}{l} r = 1 \\ r = 4 \\ r = -2/3 \end{array}$

Da r nicht überall gleiche Werte annimmt, liegt der Punkt nicht auf der Geraden und damit sind die Geraden echt parallel.

b) RV vergleichen: $\begin{pmatrix} 1 \\ -2 \\ -3 \end{pmatrix} = t \cdot \begin{pmatrix} 2 \\ -4 \\ -6 \end{pmatrix}$

zeigt, dass t in jeder Zeile den Wert 1/2 annimmt. Damit sind die Vektoren Vielfache voneinander. Anschließend machen wir eine Punktprobe, um zu schauen ob die Geraden parallel oder identisch sind:

$$\begin{pmatrix} -1 \\ 7 \\ 5 \end{pmatrix} = \begin{pmatrix} 1 \\ 3 \\ -1 \end{pmatrix} + r \cdot \begin{pmatrix} 1 \\ -2 \\ -3 \end{pmatrix} \Rightarrow \begin{matrix} r = -2 \\ r = -2 \\ r = -2 \end{matrix}$$

Da r überall gleiche Werte annimmt, liegt der Punkt auf der Geraden und damit sind die Geraden identisch.

c) RV vergleichen: $\begin{pmatrix} 3 \\ 2 \\ 1 \end{pmatrix} = t \cdot \begin{pmatrix} 1 \\ 1 \\ 2 \end{pmatrix}$

zeigt, dass t nicht überall den gleichen Wert annimmt. Damit sind die Vektoren keine Vielfachen voneinander. Wir setzen also die beiden Geraden gleich, um zu gucken, ob sie sich schneiden oder windschief sind.

$$\begin{pmatrix} 9 \\ 0 \\ 6 \end{pmatrix} + r \cdot \begin{pmatrix} 3 \\ 2 \\ 1 \end{pmatrix} = \begin{pmatrix} 7 \\ -2 \\ 2 \end{pmatrix} + s \cdot \begin{pmatrix} 1 \\ 1 \\ 2 \end{pmatrix} \Rightarrow \begin{matrix} \text{I} & 9 + 3r & = 7 + s \\ \text{II} & 2r & = -2 + s \\ \text{III} & 6 + r & = 2 + 2s \end{matrix}$$

Wir bestimmen den Parameter r, indem wir I-II rechnen und erhalten $9 + r = 9$ bzw. $r = 0$. Einsetzen von r in Gleichung I liefert $s = 2$. Wir setzen r und s in die dritte Gleichung ein und erhalten mit

$$6 + 0 = 2 + 2 \cdot 2 \Leftrightarrow 6 = 6 \checkmark$$

eine wahre Aussage. Somit liegt ein Schnittpunkt vor und die Geraden schneiden sich. Für den Schnittpunkt können wir r in g oder s in h einsetzen und erhalten $S(9|0|6)$.

d) RV vergleichen: $\begin{pmatrix} 2 \\ 4 \\ 3 \end{pmatrix} = t \cdot \begin{pmatrix} -1 \\ 0 \\ 2 \end{pmatrix}$

zeigt, dass t nicht überall den gleichen Wert annimmt. Damit sind die Vektoren keine Vielfachen voneinander. Wir setzen also die beiden Geraden gleich und erhalten folgendes LGS:

$$\begin{matrix} \text{I} & 2 + 2r & = -s \\ \text{II} & 5 + 4r & = 1 \\ \text{III} & 4 + 3r & = 3 + 2s \end{matrix}$$

Aus Gleichung II folgt sofort für $r = -1$. Einsetzen von $r = -1$ in Gleichung I liefert $s = 0$. Wir setzen r und s in die dritte Gleichung ein und erhalten mit

$$4 + 3 \cdot (-1) = 3 + 2 \cdot 0 \Leftrightarrow 1 = 3 \text{ ↯}$$

eine falsche Aussage. Somit liegt kein Schnittpunkt vor und die Geraden sind windschief.

zu Aufgabe 2.4.02

a) Um eine schneidende Gerade zu erstellen, können wir den gleichen Stützvektor nehmen wie in g. Das wird dann unser Schnittpunkt. Der Richtungsvektor muss aber in eine andere Richtung zeigen, z.B.

$$h: \vec{x} = \begin{pmatrix} 1 \\ 2 \\ 0 \end{pmatrix} + s \cdot \begin{pmatrix} 1 \\ 0 \\ 0 \end{pmatrix}, s \in \mathbb{R}.$$

Für die Parallele müssen wir einen Stützvektor finden, der nicht auf der Geraden liegt. Das ist z.B. der Punkt $P(1|0|0)$. Als Richtungsvektor nehmen wir den Gleichen wie bei g, eine parallele Gerade zu g lautet also z.B.

$$i: \vec{x} = \begin{pmatrix} 1 \\ 0 \\ 0 \end{pmatrix} + t \cdot \begin{pmatrix} 3 \\ -1 \\ 1 \end{pmatrix}, t \in \mathbb{R}.$$

Für die windschiefe Gerade müssen wir einen Stützvektor finden, der nicht auf der Geraden g liegt. Wie bei i, z.B. $P(1|0|0)$. Als Richtungsvektor müssen wir einen Vektor finden, der linear unabhängig zum Richtungsvektor von g ist. So ist z.B. der Vektor $(1\ 0\ 0)^T$ kein Vielfaches von $(3\ -1\ 1)^T$ und damit lautet eine windschiefe Gerade zu g

$$j: \vec{x} = \begin{pmatrix} 1 \\ 0 \\ 0 \end{pmatrix} + u \cdot \begin{pmatrix} 1 \\ 0 \\ 0 \end{pmatrix}, u \in \mathbb{R}.$$

Hinweis: Durch Zufall könnten sich die Geraden aber wieder schneiden!

b) Gleiches Vorgehen wie bei a) mit $s, t, u \in \mathbb{R}$

$$h: \vec{x} = \begin{pmatrix} 0 \\ 1 \\ -1 \end{pmatrix} + s \cdot \begin{pmatrix} 1 \\ 0 \\ 0 \end{pmatrix}, \quad i: \vec{x} = \begin{pmatrix} 1 \\ 0 \\ 0 \end{pmatrix} + t \cdot \begin{pmatrix} 2 \\ 0 \\ 1 \end{pmatrix}, \quad j: \vec{x} = \begin{pmatrix} 1 \\ 0 \\ 0 \end{pmatrix} + u \cdot \begin{pmatrix} 1 \\ 0 \\ 0 \end{pmatrix}$$

zu Aufgabe 2.4.03

a) Wir setzen die Geraden gleich und erhalten

$$\begin{pmatrix} -1 \\ 0 \\ a \end{pmatrix} + r \cdot \begin{pmatrix} 2 \\ -1 \\ 3 \end{pmatrix} = \begin{pmatrix} 2 \\ -2 \\ -3a \end{pmatrix} + s \cdot \begin{pmatrix} 1 \\ 0 \\ 2 \end{pmatrix}$$

bzw. das LGS und die zugehörige Lösung mit:

$$\begin{array}{rrcl} \text{I} & -1+2r & = & 2+s \\ \text{II} & -r & = & -2 \\ \text{III} & a+3r & = & -3a+2s \end{array} \quad \Rightarrow r=2,\ s=1,\ a=-1$$

Damit schneiden sich die Geraden für $a = -1$. Den Schnittpunkt bestimmen wir, indem wir a und r in g (oder a und s in h) einsetzen. Der Schnittpunkt lautet $S(3|-2|5)$.

b) Wenn $a \neq -1$ ist, sind die Geraden windschief zueinander, da die Richtungsvektoren dann linear unabhängig sind.

zu Aufgabe 2.4.04 a) richtig b) falsch c) falsch d) richtig

zu Aufgabe 2.4.05

a) Wir setzen die Gleichungen der Gerade und der Ebene gleich

$$\begin{pmatrix} 1 \\ 1 \\ -2 \end{pmatrix} + r \cdot \begin{pmatrix} 2 \\ 1 \\ 2 \end{pmatrix} = \begin{pmatrix} 0 \\ 3 \\ 9 \end{pmatrix} + s \cdot \begin{pmatrix} 1 \\ 2 \\ -1 \end{pmatrix} + t \cdot \begin{pmatrix} -2 \\ 1 \\ 3 \end{pmatrix}$$

und erhalten ein LGS, welches wir nach den Unbekannten auflösen:

$$\begin{array}{rrcl} \text{I} & 1+2r & = & 0+s-2t \\ \text{II} & 1+r & = & 3+2s+t \\ \text{III} & -2+2r & = & 9-s+3t \end{array} \quad \Rightarrow r=2,\ s=1,\ t=-2$$

Interpretation: Da wir eine eindeutige Lösung vorliegen haben, schneiden sich Gerade und Ebene in einem Punkt. Diesen finden wir, indem wir r in die Gerade oder s und t in die Ebene einsetzen. Dann folgt für den Schnittpunkt $S(5|3|2)$.

b) Wir setzen die Gleichungen der Gerade und der Ebene gleich und erhalten ein LGS, welches wir nach den Unbekannten auflösen:

$$\begin{array}{rrcl} \text{I} & 1-3r & = & -5+s-2t \\ \text{II} & 0+5r & = & 10+3s+t \\ \text{III} & 2-r & = & 0+s-t \end{array} \quad \Rightarrow \text{ wahre Aussage mit } 0 = 0$$

Interpretation: Da eine wahre Aussage vorliegt, hat das LGS unendlich viele Lösungen. Demnach liegt die Gerade in der Ebene.

c) Wir setzen die Punktmenge der Gerade in die Koordinatenform der Ebene ein und lösen nach der Unbekannten t auf:

$$\begin{array}{rcl} x_1 & = & 1-6t \\ x_2 & = & 0+2t \\ x_3 & = & 1-8t \end{array} \quad \Rightarrow -3(1-6t)+(2t)-4(1-8t) = 6 \Leftrightarrow t = 0{,}25$$

Interpretation: Die Gleichung hat genau eine Lösung, also schneiden sich Gerade und Ebene. Einsetzen von t in Gerade liefert den Schnittpunkt $S(-0{,}5|0{,}5|-1)$.

d) Wir setzen die Punktmenge der Gerade in die Koordinatenform der Ebene ein und lösen nach der Unbekannten t auf:

$$\begin{aligned} x_1 &= -2+t \\ x_2 &= 3+2t \quad \Rightarrow \quad (-2+t) - 2(3+2t) - 3(4-t) = 1 \Leftrightarrow -20 = 1 \; \lightning \\ x_3 &= 4-t \end{aligned}$$

Interpretation: Die Gleichung liefert eine falsche Aussage. Es gibt demnach keine Lösung und die Gerade ist parallel zur Ebene.

e) Wir setzen die Punktmenge der Gerade in die Koordinatenform der Ebene ein und lösen nach der Unbekannten t auf:

$$\begin{aligned} x_1 &= -1+t \\ x_2 &= 1-3t \quad \Rightarrow \quad 2(-1+t) - 6(1-3t) + 4(1+2t) = -32 \Leftrightarrow t = -1 \\ x_3 &= 1+2t \end{aligned}$$

Interpretation: Die Gleichung hat genau eine Lösung, also schneiden sich Gerade und Ebene. Einsetzen von t in Gerade liefert den Schnittpunkt $S(-2|4|-1)$.

f) Wir setzen die Punktmenge der Gerade in die Koordinatenform der Ebene ein und lösen nach der Unbekannten t auf:

$$\begin{aligned} x_1 &= -3+5t \\ x_2 &= 4-2t \quad \Rightarrow \quad (-3+5t) - 2(4-2t) - 3(1+3t) = -14 \Leftrightarrow -14 = -14 \\ x_3 &= 1+3t \end{aligned}$$

Interpretation: Die Gleichung liefert eine wahre Aussage. Demnach gibt es unendlich viele Lösungen und die Gerade liegt in der Ebene.

zu Aufgabe 2.4.06: a) falsch   b) richtig   c) richtig   d) falsch

zu Aufgabe 2.4.07

a) Gleichsetzen der Ebenen liefert das folgende LGS, welches wir nach den Unbekannten auflösen:

$$\begin{aligned} \text{I} \quad & 2 - r - 3s = 4 + t - u \\ \text{II} \quad & -7 + 2r = 3 + 2t - 2u \quad \Rightarrow t = \frac{5}{8}u + \frac{1}{4} \\ \text{III} \quad & -1 + 2r + s = 6 + 4t - 3u \end{aligned}$$

Interpretation: Wir erhalten eine Lösung in Abhängigkeit einer weiteren Unbekannten. Einsetzen von t in die Ebene F liefert die Schnittgerade

$$g: \vec{x} = \begin{pmatrix} 4{,}25 \\ 3{,}5 \\ 7 \end{pmatrix} + u \cdot \begin{pmatrix} -0{,}375 \\ -0{,}75 \\ -0{,}5 \end{pmatrix}.$$

b) Wir setzen die Gleichungen der Ebenen gleich und erhalten ein LGS, welches wir nach den Unbekannten auflösen, indem wir I nach $r = t + 4u + 1$ und III nach $s = 3t - u$ umstellen und anschließend in II einsetzen:

$$\text{I} \quad 1 + 2r = 3 + 2t + 8u$$
$$\text{II} \quad 2 - r + s = 1 + 2t - 5u \quad \Rightarrow \quad -\underbrace{(t + 4u + 1)}_{=r} + \underbrace{(3t - u)}_{=s} - 2t + 5u = -1$$
$$\text{III} \quad 1 - s = 1 - 3t + u$$

Interpretation: Das LGS liefert eine wahre Aussage mit $-1 = -1$. Demnach liegen die Ebenen ineinander und sind identisch.

c) Wir setzen die Punktmenge der Ebene E in die Koordinatenform der Ebene F ein und lösen nach einer Unbekannten auf:

$$3(-2 + 3r - 2s) + (-2 - 3r + 3s) - 3(-3 + 2r - s) = 1$$
$$\Leftrightarrow \quad -6 + 9r - 6s - 2 - 3r + 3s + 9 - 6r + 3s = 1$$
$$\Leftrightarrow \quad 1 = 1 \checkmark$$

Interpretation: Das LGS liefert eine wahre Aussage. Demnach liegen die Ebenen ineinander und sind somit identisch.

d) Wir setzen die Punktmenge der Ebene E in die Koordinatenform der Ebene F und lösen nach einer Unbekannten auf:

$$4(2 - r + s) - 2(3 + r + s) + (-4 + 5r + s) = 2$$
$$\Leftrightarrow \quad 8 - 4r + 4s - 6 - 2r - 2s - 4 + 5r + s = 2$$
$$\Leftrightarrow \quad r = -4 + 3s$$

Interpretation: Wir erhalten eine Lösung in Abhängigkeit einer weiteren Unbekannten. Einsetzen von r in die Ebene E liefert die Schnittgerade

$$g : \vec{x} = \begin{pmatrix} 6 \\ -1 \\ -24 \end{pmatrix} + s \cdot \begin{pmatrix} -2 \\ 4 \\ 16 \end{pmatrix}.$$

e) Wir setzen die Punktmenge der Ebene E in die Koordinatenform der Ebene F und lösen nach einer Unbekannten auf:

$$3(-3 + r + 2s) - 2(-5 + 2r + 3s) + 0{,}5(2 + 2r) = 5$$
$$\Leftrightarrow \quad -9 + 3r + 6s + 10 - 4r - 6s + 1 + r = 5$$
$$\Leftrightarrow \quad 2 = 5 \, \text{\textit{✗}}$$

Interpretation: Das LGS liefert eine falsche Aussage. Demnach gibt es keine Lösung und die Ebenen sind parallel zueinander.

f) Wir fassen die beiden Ebenengleichungen als LGS auf:

$$\text{I} \quad x_1 - 2x_2 - x_3 = 1$$
$$\text{II} \quad 4x_1 - 8x_2 - 4x_3 = 2$$

Wenn wir 4I-II rechnen, bekommen wir $0 = 2$ heraus. Das ist eine falsche Aussage und demnach sind die Ebenen parallel zueinander.

g) Wir fassen die beiden Ebenengleichungen als LGS auf:

$$\text{I} \quad 2x_1 - 3x_2 + 4x_3 = -3$$
$$\text{II} \quad 2x_1 - 3x_2 = 5$$

Das LGS hat die Lösung $x_1 = 1{,}5x_2 + 2{,}5$, $x_2 = x_2$ und $x_3 = -2$. Daraus folgt die Schnittgerade, in dem wir x_2 durch einen Parameter, z.B. s ersetzen und als Parameterform schreiben:

$$g : \vec{x} = \begin{pmatrix} 2{,}5 \\ 0 \\ -2 \end{pmatrix} + s \cdot \begin{pmatrix} 1{,}5 \\ 1 \\ 0 \end{pmatrix}$$

zu Aufgabe 2.4.08

a) Wir setzen P in die Ebene ein und lösen nach a auf:

$$2 \cdot 1 + a \cdot 8 - 2 \cdot a \cdot 1 = 8a \quad \Leftrightarrow \quad a = 1$$

Interpretation: Für $a = 1$ liegt der Punkt in der Ebene.

b) Die Gerade g ist orthogonal zur Ebene E, wenn der Normalenvektor der Ebene linear abhängig zum Richtungsvektor der Geraden ist. Dazu muss folgende Gleichung eine Lösung haben:

$$\begin{pmatrix} 2 \\ a \\ -2a \end{pmatrix} = r \cdot \begin{pmatrix} 2 \\ 3 \\ -6 \end{pmatrix} \quad \Rightarrow \quad \begin{array}{lrcl} \text{I} & 2 & = & 2r \\ \text{II} & a & = & 3r \\ \text{III} & -2a & = & -6r \end{array}$$

Das LGS hat eine Lösung für $r = 1$ und $a = 3$. Demnach ist die Gerade orthogonal zur Ebene für $a = 3$.

c) Damit E durch den Ursprung geht, muss $P(0|0|0)$ in der Ebene liegen. Dazu setzen wir P in die Ebene ein und lösen nach a auf:

$$2 \cdot 0 + a \cdot 0 - 2a \cdot 0 = 8a \quad \Leftrightarrow \quad 0 = 8a$$

Interpretation: Für $a = 0$ geht die Ebene durch den Ursprung.

d) Um zu zeigen, dass die Gerade g in der Ebene E liegt, setzen wir g in E ein und schauen mal, was herauskommt:

$$2 \cdot 0 + a \cdot (10 + 2r) - 2a(1 + r) = 8a \quad \Leftrightarrow \quad 8a = 8a$$

Interpretation: Wir erhalten eine wahre Aussage. Daher liegt die Gerade g für jedes a in der Ebene.

zu Aufgabe 2.4.09 a) richtig b) richtig c) falsch d) richtig

zu Aufgabe 2.4.10

a) $\cos(\alpha) = \dfrac{\begin{pmatrix} 2 \\ 3 \\ -1 \end{pmatrix} \bullet \begin{pmatrix} 1 \\ 2 \\ 8 \end{pmatrix}}{\left|\begin{pmatrix} 2 \\ 3 \\ -1 \end{pmatrix}\right| \cdot \left|\begin{pmatrix} 1 \\ 2 \\ 8 \end{pmatrix}\right|} = \dfrac{0}{\sqrt{966}} = 0 \quad \Rightarrow \quad \alpha = 90°$

b) $\cos(\alpha) = \dfrac{\begin{pmatrix} -2 \\ 1 \\ 5 \end{pmatrix} \bullet \begin{pmatrix} 3 \\ 0 \\ 2 \end{pmatrix}}{\left|\begin{pmatrix} -2 \\ 1 \\ 5 \end{pmatrix}\right| \cdot \left|\begin{pmatrix} 3 \\ 0 \\ 2 \end{pmatrix}\right|} = \dfrac{4}{\sqrt{390}} \quad \Rightarrow \quad \alpha \approx 78{,}31°$

c) $\cos(\alpha) = \dfrac{\begin{pmatrix} 2-1 \\ 1-0 \\ 0-1 \end{pmatrix} \bullet \begin{pmatrix} 0-1 \\ 0-0 \\ 1-1 \end{pmatrix}}{\left|\begin{pmatrix} 2-1 \\ 1-0 \\ 0-1 \end{pmatrix}\right| \cdot \left|\begin{pmatrix} 0-1 \\ 0-0 \\ 1-1 \end{pmatrix}\right|} = \dfrac{-1}{\sqrt{3}} \quad \Rightarrow \quad \alpha \approx 125{,}26°$

d) $\cos(\alpha) = \dfrac{\begin{pmatrix} 3+1 \\ 3-1 \\ 3-1 \end{pmatrix} \bullet \begin{pmatrix} 2+1 \\ 0-1 \\ -1-1 \end{pmatrix}}{\left|\begin{pmatrix} 3+1 \\ 3-1 \\ 3-1 \end{pmatrix}\right| \cdot \left|\begin{pmatrix} 2+1 \\ 0-1 \\ -1-1 \end{pmatrix}\right|} = \dfrac{6}{\sqrt{336}} \quad \Rightarrow \quad \alpha \approx 70{,}89°$

zu Aufgabe 2.4.11

a) Gleichsetzen der beiden Geraden liefert das LGS:

$$\begin{array}{rlrl} \text{I} & 5 + r & = -1 + 2s & \\ \text{II} & -r & = 2 & \Rightarrow \quad r = -2, \ s = 2 \\ \text{III} & 3 & = -1 + 2s & \end{array}$$

Das LGS hat eine eindeutige Lösung. Durch Einsetzen von r in g oder s in h wird der Schnittpunkt $S(3|2|3)$ ermittelt. Der Winkel zwischen den Geraden ist der kleine Winkel zwischen den beiden Richtungsvektoren. Für den kleinen Winkel verwenden wir noch die äußeren Betragsstriche in der Formel.

$$\cos(\alpha) = \frac{\left| \begin{pmatrix} 1 \\ -1 \\ 0 \end{pmatrix} \cdot \begin{pmatrix} 2 \\ 0 \\ 2 \end{pmatrix} \right|}{\left\| \begin{pmatrix} 1 \\ -1 \\ 0 \end{pmatrix} \right\| \cdot \left\| \begin{pmatrix} 2 \\ 0 \\ 2 \end{pmatrix} \right\|} = \left| \frac{2}{\sqrt{16}} \right| = \frac{1}{2} \quad \Rightarrow \quad \alpha = 60°$$

b) Gleichsetzen der beiden Geraden liefert das LGS:

$$\begin{array}{rlrl} \text{I} & 1 + 0{,}5r & = -2 + 2s & \\ \text{II} & 9 + 2r & = -1 + 4s & \Rightarrow \quad r = -4, \ s = 0{,}5 \\ \text{III} & 4 + r & = 1 - 2s & \end{array}$$

Das LGS hat eine eindeutige Lösung. Durch Einsetzen von r in g oder s in h wird der Schnittpunkt $S(-1|1|0)$ ermittelt. Der Winkel zwischen den Geraden ist der kleine Winkel zwischen den beiden Richtungsvektoren.

$$\cos(\alpha) = \frac{\left| \begin{pmatrix} 0{,}5 \\ 2 \\ 1 \end{pmatrix} \cdot \begin{pmatrix} 2 \\ 4 \\ -2 \end{pmatrix} \right|}{\left\| \begin{pmatrix} 0{,}5 \\ 2 \\ 1 \end{pmatrix} \right\| \cdot \left\| \begin{pmatrix} 2 \\ 4 \\ -2 \end{pmatrix} \right\|} = \left| \frac{7}{\sqrt{126}} \right| = \frac{7}{\sqrt{126}} \quad \Rightarrow \quad \alpha \approx 51{,}42°$$

zu Aufgabe 2.4.12

a) Den Winkel zwischen Ebene und Gerade berechnen wir mit dem Normalenvektor der Ebene, den wir in der Koordinatenform ablesen können und dem Richtungsvektor der Geraden. Es folgt mit $\vec{n}_E = (3\ -2\ 1)^T$:

$$\sin(\alpha) = \frac{\left|\begin{pmatrix}3\\-2\\1\end{pmatrix} \bullet \begin{pmatrix}5\\3\\-1\end{pmatrix}\right|}{\left\|\begin{pmatrix}3\\-2\\1\end{pmatrix}\right\| \cdot \left\|\begin{pmatrix}5\\3\\-1\end{pmatrix}\right\|} = \left|\frac{8}{\sqrt{490}}\right| = \frac{8}{\sqrt{490}} \quad \Rightarrow \quad \alpha \approx 21{,}19°$$

b) Um den Winkel zwischen Gerade und Ebene zu bestimmen, brauchen wir den Normalenvektor der Ebene. Den berechnen wir mit dem Kreuzprodukt:

$$\vec{n}_E = \begin{pmatrix}1\\0\\1\end{pmatrix} \times \begin{pmatrix}-1\\1\\0\end{pmatrix} = \begin{pmatrix}-1\\-1\\1\end{pmatrix}$$

Den Winkel bestimmen wir wie im vorherigen Aufgabenteil mit

$$\sin(\alpha) = \frac{\left|\begin{pmatrix}-1\\-1\\1\end{pmatrix} \bullet \begin{pmatrix}1\\2\\-1\end{pmatrix}\right|}{\left\|\begin{pmatrix}-1\\-1\\1\end{pmatrix}\right\| \cdot \left\|\begin{pmatrix}1\\2\\-1\end{pmatrix}\right\|} = \left|\frac{-4}{\sqrt{18}}\right| = \frac{4}{\sqrt{18}} \quad \Rightarrow \quad \alpha \approx 70{,}53°$$

zu Aufgabe 2.4.13

a) Um den Winkel zwischen den beiden Ebenen zu bestimmen, brauchen wir die beiden Normalenvektoren. Die können wir bei der Koordinatenform einfach ablesen mit $\vec{n}_{E_1} = (3\ 0\ 1)^T$ und $\vec{n}_{E_2} = (-1\ 2\ 3)^T$. Es folgt für den Winkel:

$$\cos(\alpha) = \frac{\left|\begin{pmatrix}3\\0\\1\end{pmatrix} \bullet \begin{pmatrix}-1\\2\\3\end{pmatrix}\right|}{\left\|\begin{pmatrix}3\\0\\1\end{pmatrix}\right\| \cdot \left\|\begin{pmatrix}-1\\2\\3\end{pmatrix}\right\|} = \left|\frac{0}{\sqrt{140}}\right| = 0 \quad \Rightarrow \quad \alpha = 90°$$

b) Um den Winkel zwischen den beiden Ebenen zu bestimmen, brauchen wir die beiden Normalenvektoren. Den von Ebene 2 können wir anhand der der Koordinatenform einfach ablesen mit $\vec{n}_{E_2} = (1\ 2\ 0)^T$. Durch die Verwendung des Kreuzprodukts erhalten wir den Normalenvektor der Ebene 1 mit

$$\vec{n}_{E_1} = \begin{pmatrix} 3 \\ 1 \\ 0 \end{pmatrix} \times \begin{pmatrix} -1 \\ 1 \\ 1 \end{pmatrix} = \begin{pmatrix} 1 \\ -3 \\ 4 \end{pmatrix}$$

Es folgt für den Winkel:

$$\cos(\alpha) = \left| \frac{\begin{pmatrix} 1 \\ -3 \\ 4 \end{pmatrix} \bullet \begin{pmatrix} 1 \\ 2 \\ 0 \end{pmatrix}}{\left\| \begin{pmatrix} 1 \\ -3 \\ 4 \end{pmatrix} \right\| \cdot \left\| \begin{pmatrix} 1 \\ 2 \\ 0 \end{pmatrix} \right\|} \right| = \left| \frac{-5}{\sqrt{130}} \right| = \frac{5}{\sqrt{130}} \quad \Rightarrow \quad \alpha \approx 63{,}99°$$

zu Aufgabe 2.4.14

a) Als erstes bestimmen wir die Ebene, in der das Dach liegt

$$E: \vec{x} = \underbrace{\begin{pmatrix} 0 \\ 0 \\ 5 \end{pmatrix}}_{\vec{OA}} + r \cdot \underbrace{\begin{pmatrix} 5 \\ 0 \\ 0 \end{pmatrix}}_{\vec{AB}} + s \cdot \underbrace{\begin{pmatrix} 0 \\ 8 \\ 1 \end{pmatrix}}_{\vec{AD}}$$

und bestimmen anschließend den Normalenvektor der Ebene mit dem Kreuzprodukt

$$\vec{n}_1 = \begin{pmatrix} 5 \\ 0 \\ 0 \end{pmatrix} \times \begin{pmatrix} 0 \\ 8 \\ 1 \end{pmatrix} = \begin{pmatrix} 0 \\ -5 \\ 40 \end{pmatrix}$$

Um den Winkel zum Boden auszurechnen, vergleichen wir den Normalenvektor der Ebene mit dem Normalenvektor der $x_1 x_2$-Ebene, der $\vec{n}_2 = (0\ 0\ 1)^T$ lautet. Es folgt für den Winkel:

$$\cos(\alpha) = \left| \frac{\begin{pmatrix} 0 \\ -5 \\ 40 \end{pmatrix} \bullet \begin{pmatrix} 0 \\ 0 \\ 1 \end{pmatrix}}{\left\| \begin{pmatrix} 0 \\ -5 \\ 40 \end{pmatrix} \right\| \cdot \left\| \begin{pmatrix} 0 \\ 0 \\ 1 \end{pmatrix} \right\|} \right| = \left| \frac{40}{\sqrt{1625}} \right| = \frac{40}{\sqrt{1625}} \quad \Rightarrow \quad \alpha \approx 7{,}13°$$

Interpretation: Der Winkel beträgt nur 7,13° und ist kleiner als die vorgegebenen 10°. Demnach ist das Dach nicht regenfest.

b) Die neuen Eckpunkte C und D lauten in Abhängigkeit der unbekannten Höhe a nun C(5|8|a) und D(0|8|a). Damit ergibt sich die neue Ebene

$$E: \vec{x} = \begin{pmatrix} 0 \\ 0 \\ 5 \end{pmatrix} + r \cdot \begin{pmatrix} 5 \\ 0 \\ 0 \end{pmatrix} + s \cdot \begin{pmatrix} 0 \\ 8 \\ a-5 \end{pmatrix}$$

und der neue Normalenvektor

$$\vec{n}_1 = \begin{pmatrix} 5 \\ 0 \\ 0 \end{pmatrix} \times \begin{pmatrix} 0 \\ 8 \\ a-5 \end{pmatrix} = \begin{pmatrix} 0 \\ -5a+25 \\ 40 \end{pmatrix} = 5 \cdot \begin{pmatrix} 0 \\ -a+5 \\ 8 \end{pmatrix}$$

Wir ziehen den Faktor 5 aus dem Normalenvektor, um die nachfolgende Rechnung zu vereinfachen. Der Normalenvektor der $x_1 x_2$-Ebene ist natürlich unverändert und damit folgt für den Winkel, welcher 10° betragen soll:

$$\cos(10°) = \frac{\left| \begin{pmatrix} 0 \\ -a+5 \\ 8 \end{pmatrix} \bullet \begin{pmatrix} 0 \\ 0 \\ 1 \end{pmatrix} \right|}{\left\| \begin{pmatrix} 0 \\ -a+5 \\ 8 \end{pmatrix} \right\| \cdot \left\| \begin{pmatrix} 0 \\ 0 \\ 1 \end{pmatrix} \right\|}$$

$\Rightarrow \quad \cos(10°) = \frac{8}{\sqrt{a^2-10a+89}} \qquad |:\cos(10°)| \cdot \sqrt{a^2 - 10a + 89}$

$\Leftrightarrow \quad \sqrt{a^2 - 10a + 89} = \frac{8}{\cos(10°)} \qquad |\text{ quadrieren}$

$\Leftrightarrow \quad a^2 - 10a + 89 = \frac{64}{\cos(10°)^2} \qquad |-\frac{64}{\cos(10°)^2}$

$\Leftrightarrow \quad a^2 - 10a + \left(89 - \frac{64}{\cos(10°)^2}\right) = 0 \qquad |\text{ } pq\text{-Formel}$

Die Lösungen lauten $a_1 \approx 6{,}41$ und $a_2 \approx 3{,}59$. Die sinnvolle Lösung ist in dem Fall a_1, da das Dach sonst nach unten geneigt wäre und nicht wie gewünscht nach oben.

Abstände

zu Aufgabe 2.5.01

a) Wir berechnen den Abstand von P mit dem Lotverfahren. Wir erstellen zuerst die Punktmenge der Geraden g. In dieser Punktmenge muss der Lotfußpunkt $F(1 + 2r| - r|2 + r)$ liegen.

Der Vektor $\overrightarrow{PF}$ muss senkrecht zum Richtungsvektor der Geraden liegen. Es gilt:

$$\overrightarrow{PF} \cdot \overrightarrow{RV}_g = 0 \Rightarrow \begin{pmatrix} -7+2r \\ -1-r \\ 1+r \end{pmatrix} \cdot \begin{pmatrix} 2 \\ -1 \\ 1 \end{pmatrix} = 0 \Rightarrow r = 2$$

Wir bestimmen den Lotfußpunkt, indem wir r in die Punktmenge einsetzen: $F(5|-2|4)$. Für den Abstand müssen wir dann nur noch die Länge des Vektors $\overrightarrow{PF}$ berechnen:

$$\left|\overrightarrow{PF}\right| = \left|\begin{pmatrix} 5-8 \\ -2-1 \\ 4-1 \end{pmatrix}\right| = \left|\begin{pmatrix} -3 \\ -3 \\ 3 \end{pmatrix}\right| = \sqrt{(-3)^2 + (-3)^2 + (3)^2} \approx 5{,}2 \text{ [LE]}$$

Wir berechnen den Abstand des Punktes Q mithilfe einer Hilfsebene. Die Hilfsebene lautet in Parameter- bzw. Koordinatenform

$$H: \left(\vec{x} - \begin{pmatrix} -2 \\ 4 \\ 0 \end{pmatrix}\right) \cdot \begin{pmatrix} 2 \\ -1 \\ 1 \end{pmatrix} = 0 \quad \text{bzw.} \quad H: 2x_1 - x_2 + x_3 = -8$$

Jetzt berechnen wir den Schnittpunkt der Geraden mit der Ebene, um den Lotfußpunkt F herauszubekommen. Dafür setzen wir die Punktmenge der Geraden in die Koordinatenform der Ebene ein

$$2(1+2r) - (-r) + (2+r) = -8 \Leftrightarrow r = -2$$

und erhalten mit $F(-3|2|0)$ den zugehörigen Lotfußpunkt. Für den Abstand müssen wir dann nur noch die Länge des Vektors $\overrightarrow{QF}$ berechnen:

$$\left|\overrightarrow{QF}\right| = \left|\begin{pmatrix} -3+2 \\ 2-4 \\ 0 \end{pmatrix}\right| = \left|\begin{pmatrix} -1 \\ -2 \\ 0 \end{pmatrix}\right| = \sqrt{(-1)^2 + (-2)^2 + 0^2} \approx 2{,}24 \text{ [LE]}$$

b) Wir berechnen den Abstand von P mit dem Lotverfahren. Wir erstellen zuerst die Punktmenge der Geraden g. In dieser Punktmenge muss der Lotfußpunkt $F(-3+r|2-r|3+r)$ liegen. Der Vektor $\overrightarrow{PF}$ muss senkrecht zum Richtungsvektor der Geraden liegen. Es gilt:

$$\overrightarrow{PF} \cdot \overrightarrow{RV}_g = 0 \Rightarrow \begin{pmatrix} -7+r \\ -r \\ -2+r \end{pmatrix} \cdot \begin{pmatrix} 1 \\ -1 \\ 1 \end{pmatrix} = 0 \Rightarrow r = 3$$

Wir bestimmen den Lotfußpunkt, indem wir r in die Punktmenge einsetzen: $F(0|-1|6)$. Für den Abstand müssen wir dann nur noch die Länge des Vektors $\overrightarrow{PF}$ berechnen:

$$\left|\overrightarrow{PF}\right| = \left|\begin{pmatrix} 0-4 \\ -1-2 \\ 6-5 \end{pmatrix}\right| = \left|\begin{pmatrix} -4 \\ -3 \\ 1 \end{pmatrix}\right| = \sqrt{(-4)^2 + (-3)^2 + 1^2} \approx 5{,}1 \text{ [LE]}$$

Wir berechnen den Abstand des Punktes Q mithilfe einer Hilfsebene. Die Hilfsebene lautet in Parameter- bzw. Koordinatenform

$$H: \left(\vec{x} - \begin{pmatrix} -4 \\ -3 \\ 8 \end{pmatrix}\right) \bullet \begin{pmatrix} 1 \\ -1 \\ 1 \end{pmatrix} = 0 \quad \text{bzw.} \quad H: x_1 - x_2 + x_3 = 7$$

Jetzt berechnen wir den Schnittpunkt der Geraden mit der Ebene, um den Lotfußpunkt F herauszubekommen. Dafür setzen wir die Punktmenge der Geraden in die Koordinatenform der Ebene ein

$$(-3 + r) - (2 - r) + (3 + r) = 7 \quad \Leftrightarrow \quad r = 3$$

und erhalten mit $F(0|-1|6)$ den zugehörigen Lotfußpunkt. Für den Abstand müssen wir dann nur noch die Länge des Vektors $\overrightarrow{QF}$ berechnen:

$$\left|\overrightarrow{QF}\right| = \left|\begin{pmatrix} 0 - (-4) \\ -1 - (-3) \\ 6 - 8 \end{pmatrix}\right| = \left|\begin{pmatrix} 4 \\ 2 \\ -2 \end{pmatrix}\right| = \sqrt{4^2 + 2^2 + (-2)^2} \approx 4{,}9 \text{ [LE]}$$

zu Aufgabe 2.5.02

a) Wir sehen, dass die Geraden g und h parallel zueinander sind. Warum? Weil die Richtungsvektoren kollinear bzw. linear abhängig sind und die Punktprobe eine falsche Aussage liefert. Dadurch sind die Geraden überall gleich weit voneinander entfernt und wir können das Problem als *Abstand Punkt-Gerade* auffassen. Wir berechnen den Abstand vom Ortsvektor der Geraden h mit dem Punkt $P(4|11|-10)$ zu einem allgemeinem Punkt der Geraden g mit $F(-2r|-4r|1+r)$. Da der Vektor $\overrightarrow{PF}$ senkrecht zum Richtungsvektor sein muss, um den kürzesten Abstand zu erhalten, muss $\overrightarrow{PF} \bullet \overrightarrow{RV}_g = 0$ gelten:

$$\begin{pmatrix} -2r - 4 \\ -4r - 11 \\ 1 + r - (-10) \end{pmatrix} \bullet \begin{pmatrix} -2 \\ -4 \\ 1 \end{pmatrix} = 0 \Rightarrow 4r + 8 + 16r + 44 + r + 11 = 0 \Leftrightarrow r = -3$$

Das Ergebnis setzen wir in $\overrightarrow{PF}$ ein und bestimmen die Länge des Vektors, der unserem gesuchten Abstand entspricht:

$$d = \left|\overrightarrow{PF}\right| = \left|\begin{pmatrix} 2 \\ 1 \\ 8 \end{pmatrix}\right| = \sqrt{2^2 + 1^2 + 8^2} \approx 8{,}3 \text{ [LE]}$$

b) Analoges Vorgehen wie oben mit $F = (4 + 3r|1 + 3r|3 - 6r)$ und $P(3|-2|19)$:

$$\begin{pmatrix} 4 + 3r - 3 \\ 1 + 3r - (-2) \\ 3 - 6r - 19 \end{pmatrix} \bullet \begin{pmatrix} 3 \\ 3 \\ -6 \end{pmatrix} = 0 \Rightarrow 54r + 108 = 0 \Leftrightarrow r = -2$$

Abstand: $d = |\overrightarrow{PF}| = \left|\begin{pmatrix} -5 \\ -3 \\ -4 \end{pmatrix}\right| = \sqrt{50} \approx 7{,}07$ [LE]

zu Aufgabe 2.5.03

a) Wir berechnen den Normalenvektor mit dem Kreuzprodukt

$$\vec{n} = \begin{pmatrix} 0 \\ 2 \\ 4 \end{pmatrix} \times \begin{pmatrix} 1 \\ 2 \\ 1 \end{pmatrix} = \begin{pmatrix} -6 \\ 4 \\ -2 \end{pmatrix}$$

und verwenden den Ansatz $\vec{n} \bullet \vec{x} = \vec{n} \bullet \vec{p}$, um die Hilfsebene E in Koordinatenform vorliegen zu haben:

$$\begin{pmatrix} -6 \\ 4 \\ -2 \end{pmatrix} \bullet \begin{pmatrix} x_1 \\ x_2 \\ x_3 \end{pmatrix} = \begin{pmatrix} -6 \\ 4 \\ -2 \end{pmatrix} \bullet \begin{pmatrix} -7 \\ 3 \\ -1 \end{pmatrix} \Rightarrow -6x_1 + 4x_2 - 2x_3 = 56$$

Für den Abstand setzen wir nun den Ortsvektor von h in die Hesseform ein:

$$d = \left|\frac{-6x_1 + 4x_2 - 2x_3 - 56}{|\vec{n}|}\right| = \left|\frac{-6 \cdot (-2) + 4 \cdot (-1) - 2 \cdot 4 - 56}{|\sqrt{56}}\right| \approx 7{,}48 \text{ [LE]}$$

b) Wir bilden den allgemeinen Vektor, der zwischen den beiden Geraden liegt:

$$\overrightarrow{GH} = \begin{pmatrix} (-2 + s) - (-7) \\ (-1 + 2s) - (3 + 2r) \\ (4 + s) - (-1 + 4r) \end{pmatrix} = \begin{pmatrix} 5 + s \\ -4 + 2s - 2r \\ 5 + s - 4r \end{pmatrix}$$

Dieser Vektor muss zu den beiden Richtungsvektoren der Geraden senkrecht sein.

$$\text{I} \quad \begin{pmatrix} 5 + s \\ -4 + 2s - 2r \\ 5 + s - 4r \end{pmatrix} \bullet \begin{pmatrix} 0 \\ 2 \\ 4 \end{pmatrix} = 0 \Rightarrow 8s - 20r = -12$$

$$\text{II} \quad \begin{pmatrix} 5 + s \\ -4 + 2s - 2r \\ 5 + s - 4r \end{pmatrix} \bullet \begin{pmatrix} 1 \\ 2 \\ 1 \end{pmatrix} = 0 \Rightarrow 6s - 8r = -2$$

Das LGS hat die Lösung $s = 1$ und $r = 1$. Um die Lotfußpunkte zu bestimmen, setzen wir die beiden Lösungen in die Geraden ein:

$$\overrightarrow{0F_g} = \begin{pmatrix} -7 \\ 3 \\ -1 \end{pmatrix} + \begin{pmatrix} 0 \\ 2 \\ 4 \end{pmatrix} = \begin{pmatrix} -7 \\ 5 \\ 3 \end{pmatrix} \quad \text{und} \quad \overrightarrow{0F_h} = \begin{pmatrix} -2 \\ -1 \\ 4 \end{pmatrix} + \begin{pmatrix} 1 \\ 2 \\ 1 \end{pmatrix} = \begin{pmatrix} -1 \\ 1 \\ 5 \end{pmatrix}$$

Um den Abstand zu berechnen setzen wir r und s in $\overrightarrow{GH}$ ein:

$$d = \left|\overrightarrow{GH}\right| = \left|\begin{pmatrix} 5+1 \\ -4+2-2 \\ 5+1-4 \end{pmatrix}\right| = \left|\begin{pmatrix} 6 \\ -4 \\ 2 \end{pmatrix}\right| = \sqrt{56} \approx 7{,}48 \text{ [LE]}$$

zu Aufgabe 2.5.04

a) Wir stellen die Lotgerade mit $\vec{n}$ als Richtungsvektor und dem Punkt P als Stützvektor auf:

$$g: \vec{x} = \begin{pmatrix} 0 \\ -7 \\ 3 \end{pmatrix} + t \cdot \begin{pmatrix} 2 \\ 3 \\ -5 \end{pmatrix}, t \in \mathbb{R}$$

Die Gerade setzen wir in die Ebenengleichung ein um den Lotfußpunkt F zu bestimmen:

$$2(2t) + 3(-7+3t) - 5(3-5t) = 2 \Leftrightarrow t = 1$$

Einsetzen von t in die Gerade liefert den Lotfußpunkt $F(2|-4|-2)$ und den gesuchten Abstand

$$d = \left|\overrightarrow{PF}\right| = \left|\begin{pmatrix} 2-0 \\ -4-(-7) \\ -2-3 \end{pmatrix}\right| = \left|\begin{pmatrix} 2 \\ 3 \\ -5 \end{pmatrix}\right| = \sqrt{38} \approx 6{,}16 \text{ [LE]}$$

b) Wir stellen die Lotgerade mit $\vec{n}$ als Richtungsvektor und dem Punkt P als Stützvektor auf:

$$h: \vec{x} = \begin{pmatrix} 6 \\ 3 \\ 3 \end{pmatrix} + t \cdot \begin{pmatrix} 3 \\ 0 \\ 4 \end{pmatrix}, t \in \mathbb{R}$$

Die Gerade setzen wir in die Ebenengleichung ein um den Lotfußpunkt F zu bestimmen:

$$3(6+3t) + 4(3+4t) = 5 \Leftrightarrow t = -1$$

Einsetzen von t in die Gerade liefert den Lotfußpunkt $F(3|3|-1)$ und den gesuchten Abstand

$$d = \left|\overrightarrow{PF}\right| = \left|\begin{pmatrix} 3-6 \\ 3-3 \\ -1-3 \end{pmatrix}\right| = \left|\begin{pmatrix} -3 \\ 0 \\ -4 \end{pmatrix}\right| = \sqrt{25} = 5 \text{ [LE]}$$

c) Hier können wir zwei verschiedene Verfahren anwenden. Entweder wir wandeln die Ebene in Koordinatenform um und arbeiten die obigen Schritte ab, oder wir benutzen einfach die Parameterform. Hier verwenden wir mal das Vorgehen mit der Parameterform. Mit dem

Kreuzprodukt berechnen wir zunächst einen Normalenvektor der Ebene und erstellen die Lotgerade:

$$\vec{n} = \begin{pmatrix} 2 \\ 0 \\ 1 \end{pmatrix} \times \begin{pmatrix} -1 \\ 1 \\ 0 \end{pmatrix} = \begin{pmatrix} -1 \\ -1 \\ 2 \end{pmatrix} \Rightarrow h: \vec{x} = \begin{pmatrix} 2 \\ 1 \\ -1 \end{pmatrix} + t \cdot \begin{pmatrix} -1 \\ -1 \\ 2 \end{pmatrix}, t \in \mathbb{R}$$

Für die Bestimmung des Lotfußpunktes berechnen wir den Schnittpunkt der Geraden mit der Ebene und erhalten das LGS:

$$\begin{array}{rrrrrrr} \text{I} & 2 & - & t & = & 1 + 2r - s \\ \text{II} & 1 & - & t & = & 2 + s \\ \text{III} & -1 & + & 2t & = & -1 + r \end{array} \Rightarrow r = 0, s = -1, t = 0$$

Für den Lotfußpunkt entweder r in h oder s und t in E einsetzen, um $F(2|1|-1)$ zu erhalten. Der Abstand vom Punkt zur Ebene ist dann

$$d = |\vec{PF}| = \left| \begin{pmatrix} 2-2 \\ 1-1 \\ -1-(-1) \end{pmatrix} \right| = \left| \begin{pmatrix} 0 \\ 0 \\ 0 \end{pmatrix} \right| = \sqrt{0} = 0 \text{ [LE]}$$

Der Abstand ist Null. Der Punkt liegt also in der Ebene. Tipp: Vor der Abstandsberechnung kurz den Punkt in die Gerade oder Ebene einsetzen, um zu gucken, ob dieser Teil der Gerade oder Ebene (nicht, wenn Ebene in Parameterform vorliegt) ist. Dann kann man sich viel Rechenaufwand sparen!

zu Aufgabe 2.5.05

a) Um a zu bestimmen, setzen wir P in die Ebene E ein und lösen nach a auf:

$$3 \cdot (3a) - 4a = 15 \Leftrightarrow a = 3$$

Damit der Punkt in der Ebene liegt, muss $a = 3$ sein: $P(9|3|0)$.

b) Wir verwenden zur Lösung die Hessesche Normalenform in Koordinatenform mit und setzen den Punkt P für den Abstand $d = 1$ ein. Wir erhalten:

$$E : \left| \frac{3x_1 - 4x_2 - 15}{5} \right| = d$$

$$\Rightarrow \left| \frac{3 \cdot (3a) - 4a - 15}{5} \right| = 1$$

$$\Leftrightarrow |a - 3| = 1$$

Achtung bei Betragsstrichen! Hier gilt es die Definition des Betrags zu beachten. Wir können aber einfach die Gleichung quadrieren, damit die Betragsstriche wegfallen, denn es gilt $(|x|)^2 = x^2$. Dann folgt:

$$(a - 3)^2 = 1^2 \Leftrightarrow a^2 - 6a + 8 = 0$$

Anwenden der pq-Formel bringt die Lösungen $a_1 = 4$ oder $a_2 = 2$. Interpretation: Wenn der Parameter a gleich 4 oder 2 ist, ist der Abstand des Punktes zur Ebene genau 1.

zu Aufgabe 2.5.06

a) Als Erstes bestimmen wir die beiden Geraden, die die Seile darstellen:

$$g: \vec{x} = \begin{pmatrix} 4 \\ 0 \\ 19 \end{pmatrix} + r \cdot \begin{pmatrix} 24 \\ 32 \\ 0 \end{pmatrix} \quad \text{und} \quad h: \vec{x} = \begin{pmatrix} 0 \\ 0 \\ 20 \end{pmatrix} + s \cdot \begin{pmatrix} 30 \\ 24 \\ 0 \end{pmatrix}, r,s \in \mathbb{R}$$

Wir bestimmen nun den kürzesten Abstand der beiden Geraden mit dem Lotverfahren, da auch nach dem Lotfußpunkt gefragt wird.

$$\overrightarrow{HG} = \begin{pmatrix} 4 + 24r - 30s \\ 32r - 24s \\ -1 \end{pmatrix}$$

Folgende Bedingungen müssen erfüllt sein: I $\overrightarrow{HG} \bullet \overrightarrow{RV}_h = 0$ und II $\overrightarrow{HG} \bullet \overrightarrow{RV}_g = 0$. Daraus folgt das LGS

$$\begin{array}{rrrrr} \text{I} & 1488r & - & 1476s & = -120 \\ \text{II} & 1600r & - & 1488s & = -96 \end{array} \Rightarrow r = \frac{1}{4}, \ s = \frac{1}{3}$$

Da die Lösungen beide zwischen 0 und 1 liegen, sind die Punkte zwischen den Randpunkten. Wir setzen die beiden Lösungen in die Gerade ein und finden die beiden Punkte, an denen sich die beiden Seile am nächsten kommen: $G(10|8|19)$ und $H(10|8|20)$. Der Abstand ist dann nichts anderes als die Länge des Vektors

$$d = |\overrightarrow{GH}| = \left| \begin{pmatrix} 10 - 10 \\ 8 - 8 \\ 20 - 19 \end{pmatrix} \right| = \left| \begin{pmatrix} 0 \\ 0 \\ 1 \end{pmatrix} \right| = 1 \ [\text{LE}]$$

Antwort: Der kürzeste Abstand der beiden Seile beträgt 1 [LE].

b) Interpretation: Da der Abstand genau 1 beträgt, kann Jonas das Seil wechseln.

c) Um den Abstand zu berechnen, wandeln wir die Ebene in die Hessesche Normalenform um und setzen den Punkt $G(10|8|19)$ ein. Es folgt:

$$d = \left| \frac{4x_1 - 5x_2 + x_3 - 187}{\sqrt{42}} \right| = \left| \frac{4 \cdot 10 - 5 \cdot 8 + 19 - 187}{\sqrt{42}} \right| \approx 25{,}92 \ [\text{LE}]$$

Interpretation: Jonas ist 25,92 m vom Wasserfall entfernt.

zu Aufgabe 2.5.07 a) richtig   b) falsch   c) falsch   d) richtig

Kreise und Kugeln

zu Aufgabe 2.6.01

a) Wir setzen die Informationen in die Koordinatengleichung ein und erhalten:

$$k : (x - 3)^2 + (y - 2)^2 = 1$$

b) Da der Kreis die x- und y-Achse jeweils bei 2 <u>berührt</u>, muss der Mittelpunkt bei $M(2|2)$ liegen und der Radius 2 sein. Die Kreisgleichung lautet:

$$k : (x - 2)^2 + (y - 2)^2 = 4$$

zu Aufgabe 2.6.02

a) Da der Mittelpunkt $M(0|0|0)$ im Ursprung liegt, lautet die Koordinatenform:

$$k : x^2 + y^2 + z^2 = 5$$

b) Wir setzen die Informationen in die Koordinatengleichung ein und erhalten:

$$k : (x - 3)^2 + (y - 2)^2 + (z + 1)^2 = 9$$

zu Aufgabe 2.6.03

a) Wir setzen die Punkte ein und interpretieren das Ergebnis.
- $P : (2 - 2)^2 + (0 + 1)^2 = 1 < r^2 \Rightarrow$ Der Punkt liegt innerhalb des Kreises.
- $Q : (4 - 2)^2 + (-1 + 1)^2 = 4 = r^2 \Rightarrow$ Der Punkt auf dem Kreis.
- $R : (1 - 2)^2 + (1 + 1)^2 = 5 > r^2 \Rightarrow$ Der Punkt liegt außerhalb des Kreises.

b) Wir setzen die Gerade ein und interpretieren das Ergebnis.

$$
\begin{aligned}
(x - 2)^2 + ((-2x + 2) + 1)^2 &= 4 \\
\Leftrightarrow \quad x^2 - 4x + 4 + 4x^2 - 12x + 9 &= 4 \quad | -4 \\
\Leftrightarrow \quad 5x^2 - 16x + 9 &= 0 \quad | :5 \,|\, pq\text{-Formel}
\end{aligned}
$$

Da die Gleichung die beiden Lösungen $x_1 \approx 2{,}47$ und $x_2 \approx 0{,}73$ hat, schneidet die Gerade den Kreis in zwei Punkten und ist eine Sekante.

c) Wir setzen die Gerade ein und interpretieren das Ergebnis.

$$
\begin{aligned}
(x - 2)^2 + ((x + 1) + 1)^2 &= 4 \\
\Leftrightarrow \quad x^2 - 4x + 4 + x^2 + 4x + 4 &= 4 \quad | -4 \\
\Leftrightarrow \quad 2x^2 + 4 &= 0 \quad | -4 \\
\Leftrightarrow \quad 2x^2 &= -4 \quad \lightning
\end{aligned}
$$

Da wir keine Wurzel aus einer negativen Zahl ziehen können, hat die Gleichung keine Lösung. Demnach ist die Gerade eine Passante und schneidet den Kreis nicht.

zu Aufgabe 2.6.04

a) Wir setzen die Punkte in die Kreisgleichung ein und interpretieren das Ergebnis.

- A: $(3-5)^2 + ((-1)+2)^2 = 4 + 1 = 5 < r^2$
  $\Rightarrow$ Der Punkt liegt innerhalb vom Kreis.
- B: $(0-5)^2 + (0+2)^2 = 25 + 4 = 29 > r^2$
  $\Rightarrow$ Der Punkt liegt außerhalb vom Kreis.

b) Wir setzen die Gerade ein und interpretieren das Ergebnis.

$$(x-5)^2 + ((-3x+2)+2)^2 = 9$$
$$\Leftrightarrow \quad 10x^2 - 34x + 32 = 0 \quad |:10 \ | \ pq\text{-Formel}$$

Da unter der Wurzel etwas negatives herauskommt, hat die Gleichung keine Lösung. Demnach ist die Gerade eine Passante des Kreises.

zu Aufgabe 2.6.05

a) Wir setzen die Punkte in k ein und interpretieren das Ergebnis.

- A: $\left[\begin{pmatrix} 2 \\ 2 \\ 0 \end{pmatrix} - \begin{pmatrix} 1 \\ -2 \\ -1 \end{pmatrix}\right]^2 = \left[\begin{pmatrix} 1 \\ 4 \\ 1 \end{pmatrix}\right]^2 = 18 > r^2 \Rightarrow$ außerhalb der Kugel

- B: $\left[\begin{pmatrix} 3 \\ -2 \\ -1 \end{pmatrix} - \begin{pmatrix} 1 \\ -2 \\ -1 \end{pmatrix}\right]^2 = \left[\begin{pmatrix} 2 \\ 0 \\ 0 \end{pmatrix}\right]^2 = 4 = r^2 \Rightarrow$ auf der Kugel

- C: $\left[\begin{pmatrix} 2 \\ -1 \\ 0 \end{pmatrix} - \begin{pmatrix} 1 \\ -2 \\ -1 \end{pmatrix}\right]^2 = \left[\begin{pmatrix} 1 \\ 1 \\ 1 \end{pmatrix}\right]^2 = 3 < r^2 \Rightarrow$ innerhalb der Kugel

b) Wir berechnen den Abstand der Geraden zum Mittelpunkt und interpretieren das Ergebnis. Der Lotfußpunkt liegt in der Punktmenge der Geraden. Also ist die Verbindungslinie zwischen Mittelpunkt der Kugel und eines beliebigen Punktes auf der Geraden $\overrightarrow{GM}$. Dieser Vektor muss senkrecht zum Richtungsvektor der Geraden liegen. Es gilt also:

$$\overrightarrow{GM} \bullet \overrightarrow{RV}_g = \begin{pmatrix} 1-4r \\ -2+2r \\ 7-3r \end{pmatrix} \bullet \begin{pmatrix} 4 \\ -2 \\ 3 \end{pmatrix} = 0 \Rightarrow r = 1$$

Wir setzen r in den Verbindungsvektor ein und bestimmen den Abstand der Geraden zum Mittelpunkt der Kugel.

$$d(g; M) = \left|\overrightarrow{GM}\right| = \left|\begin{pmatrix} -3 \\ 0 \\ 4 \end{pmatrix}\right| = 5 \text{ [LE]}$$

Damit beträgt der Abstand der Geraden zum Mittelpunkt der Kugel 5. Da der Radius der Kugel 2 ist, liegt die Gerade außerhalb der Kugel und hat den Abstand $d = 5 - 2 = 3$.

c) Auch hier bestimmen wir als Erstes den Abstand des Mittelpunktes der Kugel zur Ebene. Wir wandeln dafür die Ebene in die Hessesche Normalenform um und setzen den Mittelpunkt der Kugel ein.

$$d(E, M) = \left|\frac{0{,}5x_1 - x_2 - 3{,}75}{0{,}5\sqrt{5}}\right| = \left|\frac{0{,}5 \cdot 1 - (-2) - 3{,}75}{0{,}5\sqrt{5}}\right| = \frac{\sqrt{5}}{2} < 2$$

Da der Abstand der Ebene vom Mittelpunkt kleiner als der Radius ist, schneidet die Ebene die Kugel in einem Schnittkreis. Um den Radius des Schnittkreises auszurechnen, benutzen wir den Satz des Pythagoras.

$$r' = \sqrt{r^2 - d^2} = \sqrt{2^2 - \left(\frac{\sqrt{5}}{2}\right)^2} = \sqrt{\frac{11}{4}} \approx 1{,}66 \text{ [LE]}$$

Der Radius des Schnittkreises beträgt 1,66 Längeneinheiten.

d) Da der Radius der ersten Kugel 2 ist und der Radius der zweiten Kugel 1 sein muss, müssen wir den Mittelpunkt der neuen Kugel mit einem Abstand von genau 3 Einheiten platzieren. Dazu können wir den Punkt mit jedem Vektor der Länge 3 addieren und erhalten den Mittelpunkt der neuen Kugel, z.B.

$$\overrightarrow{m_2} = \overrightarrow{m_1} + \begin{pmatrix} 3 \\ 0 \\ 0 \end{pmatrix} = \begin{pmatrix} 1 \\ -2 \\ -1 \end{pmatrix} + \begin{pmatrix} 3 \\ 0 \\ 0 \end{pmatrix} = \begin{pmatrix} 4 \\ -2 \\ -1 \end{pmatrix}$$

Daraus ergibt sich die Kugelgleichung $k_2 : \left[\vec{x} - \begin{pmatrix} 4 \\ -2 \\ -1 \end{pmatrix}\right]^2 = 1$.

C zu Lineare Algebra

Grundlagen

zu Aufgabe 3.1.01

a) $A + B = \begin{pmatrix} 1+2 & 3+5 \\ -1+3 & 2+1 \end{pmatrix} = \begin{pmatrix} 3 & 8 \\ 2 & 3 \end{pmatrix}$

b) $B - A = \begin{pmatrix} 2-1 & 5-3 \\ 3-(-1) & 1-2 \end{pmatrix} = \begin{pmatrix} 1 & 2 \\ 4 & -1 \end{pmatrix}$

c) $3 \cdot C = 3 \cdot \begin{pmatrix} 3 & 1 \\ 2 & -2 \\ 0 & -1 \end{pmatrix} = \begin{pmatrix} 9 & 3 \\ 6 & -6 \\ 0 & -3 \end{pmatrix}$

d) $D \cdot F = \begin{pmatrix} 1 & 3 & 0 \\ 2 & 2 & -1 \end{pmatrix} \cdot \begin{pmatrix} 2 \\ 1 \\ -1 \end{pmatrix} = \begin{pmatrix} 1 \cdot 2 + 3 \cdot 1 + 0 \cdot (-1) \\ 2 \cdot 2 + 2 \cdot 1 + (-1) \cdot (-1) \end{pmatrix} = \begin{pmatrix} 5 \\ 7 \end{pmatrix}$

e) $C \cdot D = \begin{pmatrix} 3 & 1 \\ 2 & -2 \\ 0 & -1 \end{pmatrix} \cdot \begin{pmatrix} 1 & 3 & 0 \\ 2 & 2 & -1 \end{pmatrix} = \begin{pmatrix} 5 & 11 & -1 \\ -2 & 2 & 2 \\ -2 & -2 & 1 \end{pmatrix}$

f) $D \cdot C = \begin{pmatrix} 1 & 3 & 0 \\ 2 & 2 & -1 \end{pmatrix} \cdot \begin{pmatrix} 3 & 1 \\ 2 & -2 \\ 0 & -1 \end{pmatrix} = \begin{pmatrix} 9 & -5 \\ 10 & -1 \end{pmatrix}$

g) $C \cdot E$: Berechnung nicht möglich, da E nicht die gleiche Anzahl an Zeilen wie C Spalten hat.

h) $E \cdot F = \begin{pmatrix} 2 & 2 & -2 \\ -1 & 0 & 1 \\ 3 & 1 & 1 \end{pmatrix} \cdot \begin{pmatrix} 2 \\ 1 \\ -1 \end{pmatrix} = \begin{pmatrix} 8 \\ -3 \\ 6 \end{pmatrix}$

i) $C \cdot F$: Berechnung nicht möglich, da F nicht die gleiche Anzahl an Zeilen wie C Spalten hat.

zu Aufgabe 3.1.02 a) falsch b) richtig c) falsch d) richtig

Austauschprozesse

zu Aufgabe 3.2.01

a)

	K	T	S
K	0,8	0,2	0,3
T	0,1	0,7	0,2
S	0,1	0,1	0,5

bzw. $M = \begin{pmatrix} 0,8 & 0,2 & 0,3 \\ 0,1 & 0,7 & 0,2 \\ 0,1 & 0,1 & 0,5 \end{pmatrix}$

b) Verteilung in diesem Jahr: $V = \begin{pmatrix} 650 \\ 200 \\ 150 \end{pmatrix}$

Verteilung im nächsten Jahr:

$$V' = M \cdot V = \begin{pmatrix} 0,8 & 0,2 & 0,3 \\ 0,1 & 0,7 & 0,2 \\ 0,1 & 0,1 & 0,5 \end{pmatrix} \cdot \begin{pmatrix} 650 \\ 200 \\ 150 \end{pmatrix} = \begin{pmatrix} 605 \\ 235 \\ 160 \end{pmatrix}$$

Verteilung im vorherigen Jahr, mit dem Ansatz $M \cdot \vec{x} = V$:

$$\begin{pmatrix} 0,8 & 0,2 & 0,3 \\ 0,1 & 0,7 & 0,2 \\ 0,1 & 0,1 & 0,5 \end{pmatrix} \cdot \begin{pmatrix} x \\ y \\ z \end{pmatrix} = \begin{pmatrix} 650 \\ 200 \\ 150 \end{pmatrix} \Rightarrow \begin{array}{l} \text{I} \quad 0,8x + 0,2y + 0,3z = 650 \\ \text{II} \quad 0,1x + 0,7y + 0,2z = 200 \\ \text{III} \quad 0,1x + 0,1y + 0,5z = 150 \end{array}$$

Das LGS liefert die eindeutige Lösung $x = 729{,}17$, $y = 145{,}83$ und $z = 125$. Damit war die Verteilung im vorherigen Jahr $V^* = (729\ 146\ 125)^T$.

c) Der Fixvektor muss die Bedingung $M \cdot \vec{x} = \vec{x}$ erfüllen:

$$\begin{pmatrix} 0,8 & 0,2 & 0,3 \\ 0,1 & 0,7 & 0,2 \\ 0,1 & 0,1 & 0,5 \end{pmatrix} \cdot \begin{pmatrix} x \\ y \\ z \end{pmatrix} = \begin{pmatrix} x \\ y \\ z \end{pmatrix} \Rightarrow \begin{array}{l} \text{I} \quad 0,8x + 0,2y + 0,3z = x \\ \text{II} \quad 0,1x + 0,7y + 0,2z = y \\ \text{III} \quad 0,1x + 0,1y + 0,5z = z \end{array}$$

Wir erhalten keine eindeutige Lösung und geben die Lösung in Abhängigkeit der Variablen z an:

$$x = \frac{13}{4}z,\ y = \frac{7}{4}z,\ z = z$$

Mit der Bedingung, dass wir 1000 Personen haben, bekommen wir eine zusätzliche Gleichung, mit der wir z bestimmen können:

$$x + y + z = 1000 \Rightarrow \frac{13}{4}z + \frac{7}{4}z + z = 1000 \Leftrightarrow z = 166\frac{2}{3}$$

Daraus ergibt sich der Fixvektor: $\vec{v}_F = \begin{pmatrix} 541\frac{2}{3} \\ 291\frac{2}{3} \\ 166\frac{2}{3} \end{pmatrix}$

zu Aufgabe 3.2.02

a) Der Matrixeintrag m_{21} beschreibt, dass 50% der Leute, die in der Vorwoche bei Kaufhaus A gekauft haben, in der nächsten Woche bei Kaufhaus B kaufen.

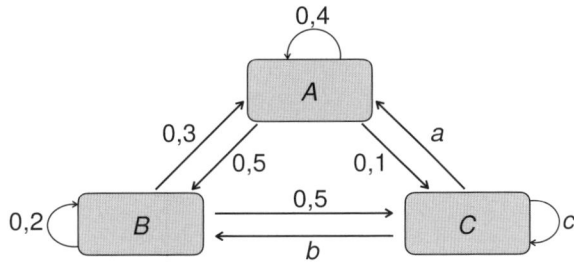

b) Um a, b und c zu berechnen, muss folgendes LGS gelöst werden:

$$\begin{pmatrix} 0{,}4 & 0{,}3 & a \\ 0{,}5 & 0{,}2 & b \\ 0{,}1 & 0{,}5 & c \end{pmatrix} \cdot \begin{pmatrix} 0{,}25 \\ 0{,}25 \\ 0{,}5 \end{pmatrix} = \begin{pmatrix} 0{,}25 \\ 0{,}25 \\ 0{,}5 \end{pmatrix} \Rightarrow a = 0{,}15;\ b = 0{,}15;\ c = 0{,}7$$

Damit ergibt sich die Matrix: $M = \begin{pmatrix} 0{,}4 & 0{,}3 & 0{,}15 \\ 0{,}5 & 0{,}2 & 0{,}15 \\ 0{,}1 & 0{,}5 & 0{,}7 \end{pmatrix}$.

Populationsprozesse

zu Aufgabe 3.3.01 a)

$P = \begin{pmatrix} 0 & 0 & 50 \\ 0{,}1 & 0 & 0 \\ 0 & 0{,}2 & 0 \end{pmatrix}$

b) Verteilung in dieser Woche: $V = \begin{pmatrix} 100 \\ 30 \\ 10 \end{pmatrix}$

Verteilung in der nächsten Woche:

$$V' = P \cdot V = \begin{pmatrix} 0 & 0 & 50 \\ 0{,}1 & 0 & 0 \\ 0 & 0{,}2 & 0 \end{pmatrix} \cdot \begin{pmatrix} 100 \\ 30 \\ 10 \end{pmatrix} = \begin{pmatrix} 500 \\ 10 \\ 6 \end{pmatrix}$$

Die Verteilung vor einer Woche lautet:

$$\begin{pmatrix} 0 & 0 & 50 \\ 0{,}1 & 0 & 0 \\ 0 & 0{,}2 & 0 \end{pmatrix} \cdot \begin{pmatrix} x \\ y \\ z \end{pmatrix} = \begin{pmatrix} 100 \\ 30 \\ 10 \end{pmatrix} \Rightarrow \begin{array}{llll} \text{I} & 50z = 100 & \Rightarrow & z = 2 \\ \text{II} & 0{,}1x = 30 & \Rightarrow & x = 300 \\ \text{III} & 0{,}2y = 10 & \Rightarrow & y = 50 \end{array}$$

Es gab vor einer Woche 300 Eier, 50 Larven und 2 Fliegen.

c) Die Population ist nicht wachsend, sie ist stabil, weil gilt:

$$P^3 = \begin{pmatrix} 1 & 0 & 0 \\ 0 & 1 & 0 \\ 0 & 0 & 1 \end{pmatrix}$$

Damit können wir die stabile Verteilung berechnen:

$$\begin{pmatrix} 0 & 0 & 50 \\ 0{,}1 & 0 & 0 \\ 0 & 0{,}2 & 0 \end{pmatrix} \cdot \begin{pmatrix} x \\ y \\ z \end{pmatrix} = \begin{pmatrix} x \\ y \\ z \end{pmatrix} \Rightarrow \begin{array}{lll} \text{I} & 50z & = x \\ \text{II} & 0{,}1x & = y \\ \text{III} & 0{,}2y & = z \end{array}$$

Wir können x und y in Abhängigkeit von z angeben. Wir ersetzen z durch eine andere Variable und erhalten den allgemeinen Fixvektor:

$$\vec{v}_S = \begin{pmatrix} 50a \\ 5a \\ a \end{pmatrix}$$

zu Aufgabe 3.3.02 a)

Neugeborenes —40%→ Junges —62,5%→ Ausgewachsenes, 4 (Ausgewachsenes → Neugeborenes)

$$M = \begin{pmatrix} 0 & 0 & 4 \\ 0{,}4 & 0 & 0 \\ 0 & 0{,}625 & 0 \end{pmatrix}$$

b) Neu: $M_{neu} = \begin{pmatrix} 0 & 0 & 4 \\ 0,6 & 0 & 0 \\ 0 & 0,625 & 0 \end{pmatrix}$; Langfristig: $M_{neu}^3 = \begin{pmatrix} 1,5 & 0 & 0 \\ 0 & 1,5 & 0 \\ 0 & 0 & 1,5 \end{pmatrix}$

Interpretation: Da die Matrix M_{neu}^3 eine Diagonalmatrix mit Einträgen 1,5 ist, wird sich die Population alle 3 Jahre mit dem Faktor 1,5 vergrößern. Sie steigt exponentiell.

Produktionsprozesse

zu Aufgabe 3.4.01 a)

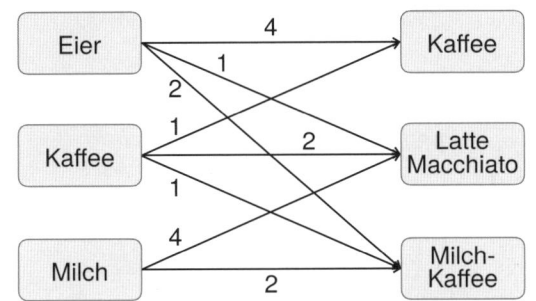

$$V = \begin{pmatrix} 4 & 1 & 2 \\ 1 & 2 & 1 \\ 0 & 4 & 2 \end{pmatrix}$$

b) Der Automat braucht für die Getränke der Lehrer

$$\begin{pmatrix} 4 & 1 & 2 \\ 1 & 2 & 1 \\ 0 & 4 & 2 \end{pmatrix} \cdot \begin{pmatrix} 2 \\ 1 \\ 1 \end{pmatrix} = \begin{pmatrix} 11 \\ 5 \\ 6 \end{pmatrix}$$

11 Einheiten Wasser, 5 Einheiten Kaffee und 6 Einheiten Milch.

c) Der Automat muss jeden morgen mit

$$\begin{pmatrix} 4 & 1 & 2 \\ 1 & 2 & 1 \\ 0 & 4 & 2 \end{pmatrix} \cdot \begin{pmatrix} 40 \\ 20 \\ 30 \end{pmatrix} = \begin{pmatrix} 240 \\ 110 \\ 140 \end{pmatrix}$$

240 Einheiten Wasser, 110 Einheiten Kaffee und 140 Einheiten Milch befüllt werden.

zu Aufgabe 3.4.02

a) Der Gozintograph und die zugehörige Matrix lauten:

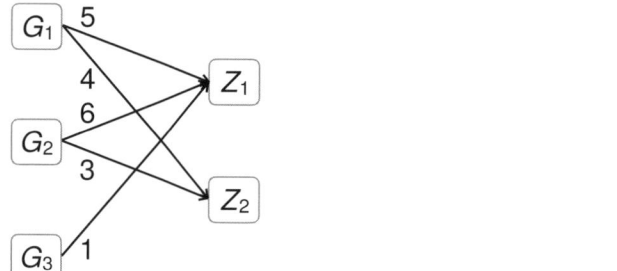

$$V_{01} = \begin{pmatrix} 5 & 4 \\ 6 & 3 \\ 1 & 0 \end{pmatrix}$$

b) Der Bauunternehmer muss

$$\begin{pmatrix} 5 & 4 \\ 6 & 3 \\ 1 & 0 \end{pmatrix} \cdot \begin{pmatrix} 5 \\ 3 \end{pmatrix} = \begin{pmatrix} 37 \\ 39 \\ 5 \end{pmatrix}$$

37 Einheiten G_1, 39 Einheiten G_2 und 5 Einheiten G_3 bestellen.

c) Der Gozintograph und die zugehörigen Matrizen lauten:

$$V_{01} = \begin{pmatrix} 5 & 4 \\ 6 & 3 \\ 1 & 0 \end{pmatrix} \quad \text{und} \quad V_{02} = \begin{pmatrix} 2 & 3 & 2 \\ 1 & 1 & 3 \end{pmatrix}$$

d) Um G zu finden, müssen wir V_{01} und V_{12} multiplizieren:

$$G = \begin{pmatrix} 5 & 4 \\ 6 & 3 \\ 1 & 0 \end{pmatrix} \cdot \begin{pmatrix} 2 & 3 & 2 \\ 1 & 1 & 3 \end{pmatrix} = \begin{pmatrix} 14 & 19 & 22 \\ 15 & 21 & 21 \\ 2 & 3 & 2 \end{pmatrix}$$

e) Der Bauunternehmer benötigt

$$\begin{pmatrix} 14 & 19 & 22 \\ 15 & 21 & 21 \\ 2 & 3 & 2 \end{pmatrix} \cdot \begin{pmatrix} 3 \\ 2 \\ 10 \end{pmatrix} = \begin{pmatrix} 300 \\ 297 \\ 32 \end{pmatrix}$$

300 Einheiten G_1, 297 Einheiten G_2 und 32 Einheiten G_3.

Abbildungen

zu Aufgabe 3.5.01

a) Wenn ein Punkt $P(x|y)$ an der y-Achse gespiegelt wird, bleibt die y-Koordinate gleich und die x-Koordinate ändert das Vorzeichen. Es gilt $x' = -x$ und $y' = y$ bzw. ausführlicher:

$$x' = -1 \cdot x + 0 \cdot y \quad \text{und} \quad y' = 0 \cdot x + 1 \cdot y$$

Damit folgt für die gesuchte Abbildungsmatrix:

$$\begin{pmatrix} x' \\ y' \end{pmatrix} = \begin{pmatrix} -1 & 0 \\ 0 & 1 \end{pmatrix} \cdot \begin{pmatrix} x \\ y \end{pmatrix} \quad \Rightarrow \quad A = \begin{pmatrix} -1 & 0 \\ 0 & 1 \end{pmatrix}$$

b) Wenn ein Punkt $P(x|y)$ auf die y-Achse projiziert wird, bleibt die y-Koordinate gleich und die x-Koordinate wird Null. Es gilt $x' = 0$ und $y' = y$ bzw. ausführlicher:

$$x' = 0 \cdot x + 0 \cdot y \quad \text{und} \quad y' = 0 \cdot x + 1 \cdot y$$

Damit folgt für die gesuchte Abbildungsmatrix:

$$\begin{pmatrix} x' \\ y' \end{pmatrix} = \begin{pmatrix} 0 & 0 \\ 0 & 1 \end{pmatrix} \cdot \begin{pmatrix} x \\ y \end{pmatrix} \quad \Rightarrow \quad A = \begin{pmatrix} 0 & 0 \\ 0 & 1 \end{pmatrix}$$

c) Wenn ein Punkt $P(x|y)$ auf den Ursprung projiziert wird, werden x- und y-Koordinate zu Null. Es gilt $x' = 0$ und $y' = 0$ bzw. ausführlicher:

$$x' = 0 \cdot x + 0 \cdot y \quad \text{und} \quad y' = 0 \cdot x + 0 \cdot y$$

Damit folgt für die gesuchte Abbildungsmatrix:

$$\begin{pmatrix} x' \\ y' \end{pmatrix} = \begin{pmatrix} 0 & 0 \\ 0 & 0 \end{pmatrix} \cdot \begin{pmatrix} x \\ y \end{pmatrix} \quad \Rightarrow \quad A = \begin{pmatrix} 0 & 0 \\ 0 & 0 \end{pmatrix}$$

d) Wenn ein Punkt $P(x|y)$ 90° um den Ursprung gedreht wird (Merke: Drehsinn der Mathematik ist gegen den Uhrzeigersinn), benötigen wir folgende Abbildungsmatrix:

$$A = \begin{pmatrix} \cos(90°) & -\sin(90°) \\ \sin(90°) & \cos(90°) \end{pmatrix} = \begin{pmatrix} 0 & -1 \\ 1 & 0 \end{pmatrix}$$

e) Der Bildpunkt P' des Punktes $P(x|y)$ ist der Schnittpunkt der Projektionsgeraden mit der Geraden durch P in Richtung des vorgegeben Vektors, also mit

$$g : \vec{x}' = \begin{pmatrix} x \\ y \end{pmatrix} + t \cdot \begin{pmatrix} -1 \\ -1 \end{pmatrix}.$$

Zur Berechnung des Schnittpunktes wird g in die Projektionsgerade p eingesetzt:

$$\Rightarrow \quad (x-t) + 2(y-t) = 0$$
$$\Leftrightarrow \quad -3t = -x - 2y$$
$$\Leftrightarrow \quad t = \tfrac{1}{3}x + \tfrac{2}{3}y$$

Setzt man t in die Gerade g ein, so erhält man den Schnittpunkt

$$\begin{pmatrix} x' \\ y' \end{pmatrix} = \begin{pmatrix} x \\ y \end{pmatrix} + (\tfrac{1}{3}x + \tfrac{2}{3}y) \cdot \begin{pmatrix} -1 \\ -1 \end{pmatrix} = \begin{pmatrix} \tfrac{2}{3}x - \tfrac{2}{3}y \\ -\tfrac{1}{3}x + \tfrac{1}{3}y \end{pmatrix}$$

und daraus die Abbildungsmatrix $A = \begin{pmatrix} \tfrac{2}{3} & -\tfrac{2}{3} \\ -\tfrac{1}{3} & \tfrac{1}{3} \end{pmatrix}$.

zu Aufgabe 3.5.02 Bei dieser Aufgabe müssen die gegebenen Punkte mit der jeweiligen Zuordnung abgebildet werden. Dabei wird die Abbildungsmatrix einfach mit dem Ortsvektor des Punktes multipliziert, z.B: $\overrightarrow{OP'} = A \cdot \overrightarrow{OP}$. Anschließend kann der Punkt abgelesen werden.

a) $\overrightarrow{OP'} = A \cdot (1\ 0)^T \Rightarrow P'(-1|0)$
$\overrightarrow{OQ'} = A \cdot (2\ 2)^T \Rightarrow Q'(-2|2)$
$\overrightarrow{OR'} = A \cdot (-1\ 5)^T \Rightarrow R'(1|5)$

b) $\overrightarrow{OP'} = B \cdot (1\ 0)^T \Rightarrow P'(1|1)$
$\overrightarrow{OQ'} = B \cdot (2\ 2)^T \Rightarrow Q'(4|6)$
$\overrightarrow{OR'} = B \cdot (-1\ 5)^T \Rightarrow R'(4|9)$

c) $\overrightarrow{OP'} = C \cdot (1\ 0)^T \Rightarrow P'(0,6|-1,2)$
$\overrightarrow{OQ'} = C \cdot (2\ 2)^T \Rightarrow Q'(0,8|-1,6)$
$\overrightarrow{OR'} = C \cdot (-1\ 5)^T \Rightarrow R'(-1,6|3,2)$

zu Aufgabe 3.5.03

a) Zur Bestimmung der Bildgeraden verwenden wir den Ansatz $\vec{x}' = A \cdot \vec{x}$ und setzen für A die gegebene Abbildungsmatrix und für $\vec{x}$ die Gerade ein:

$$\vec{x}' = A \cdot \vec{x} = \begin{pmatrix} 2 & 1 \\ 0 & 1 \end{pmatrix} \cdot \begin{pmatrix} 2-t \\ 1+2t \end{pmatrix} = \begin{pmatrix} 4-2t+1+2t \\ 1+2t \end{pmatrix} = \begin{pmatrix} 5 \\ 1+2t \end{pmatrix}$$

Es folgt für die Bildgerade: $g' : \vec{x}' = \begin{pmatrix} 5 \\ 1 \end{pmatrix} + t \cdot \begin{pmatrix} 0 \\ 2 \end{pmatrix}, t \in \mathbb{R}$

b) Zur Bestimmung der Bildgeraden setzen wir die Geradengleichung einfach in die Abbildung für $\vec{x}$ ein und erhalten:

$$\alpha : \vec{x}' = \begin{pmatrix} 1 & 0 \\ 0 & -1 \end{pmatrix} \cdot \begin{pmatrix} 2-t \\ 1+2t \end{pmatrix} + \begin{pmatrix} 3 \\ -2 \end{pmatrix} = \begin{pmatrix} 2-t \\ -1-2t \end{pmatrix} + \begin{pmatrix} 3 \\ -2 \end{pmatrix} = \begin{pmatrix} 5-t \\ -3-2t \end{pmatrix}$$

und damit die Gleichung der Bildgeraden: $g' : \vec{x}' = \begin{pmatrix} 5 \\ -3 \end{pmatrix} + t \cdot \begin{pmatrix} -1 \\ -2 \end{pmatrix}$.

zu Aufgabe 3.5.04

a) Bestimmung des Fixpunktes mit dem Ansatz $A \cdot \vec{x} = \vec{x}$:

$$\begin{pmatrix} 3 & 1 \\ 0 & -1 \end{pmatrix} \cdot \begin{pmatrix} x_1 \\ x_2 \end{pmatrix} = \begin{pmatrix} x_1 \\ x_2 \end{pmatrix} \Rightarrow \begin{array}{l} \text{I} \quad 3x_1 + x_2 = x_1 \\ \text{II} \quad \quad -x_2 = x_2 \end{array}$$

Auflösen der Gleichungen liefert die einzige Lösung $x_1 = x_2 = 0$. Das bedeutet die Abbildung besitzt einen einzigen Punkt, der auf sich selbst abgebildet wird: der Fixpunkt $F(0|0)$.

b) Die Abbildung wird auf Fixpunkte untersucht. Dafür muss die nachstehende Gleichung gelten:

$$\begin{pmatrix} 1 & -1 \\ 5 & 1 \end{pmatrix} \cdot \begin{pmatrix} x_1 \\ x_2 \end{pmatrix} + \begin{pmatrix} 3 \\ -5 \end{pmatrix} = \begin{pmatrix} x_1 \\ x_2 \end{pmatrix} \Rightarrow \begin{array}{l} \text{I} \quad x_1 - x_2 + 3 = x_1 \\ \text{II} \quad 5x_1 + x_2 - 5 = x_2 \end{array}$$

Auflösen der Gleichungen liefert die einzige Lösung $x_1 = 1$ und $x_2 = 3$. Damit lautet der Fixpunkt $F(1|3)$.

c) Die Abbildung wird auf Fixpunkte untersucht. Dafür muss die nachstehende Gleichung gelten:

$$\begin{pmatrix} 7 & 4 \\ -3 & -1 \end{pmatrix} \cdot \begin{pmatrix} x_1 \\ x_2 \end{pmatrix} + \begin{pmatrix} 6 \\ -3 \end{pmatrix} = \begin{pmatrix} x_1 \\ x_2 \end{pmatrix} \Rightarrow \begin{array}{llll} \text{I} & 7x_1 + 4x_2 + 6 = x_1 & | -x_1 - 6 \\ \text{II} & -3x_1 - x_2 - 3 = x_2 & | -x_2 + 3 \\ \hline \text{I} & 6x_1 + 4x_2 = -6 & \\ \text{II} & -3x_1 - 2x_2 = 3 & \end{array}$$

Wenn wir Gleichung I+2·II rechnen, erhalten wir die Lösung 0 = 0! Es liegt eine allgemeingültige Aussage vor - was machen wir? Wir sagen, dass $x_2 = t$ gilt und setzen dieses Ergebnis in I ein und erhalten

$$6x_1 + 4t = -6 \Leftrightarrow x_1 = -1 - \frac{2}{3}t$$

und somit die Fixpunktgerade $g: \vec{x} = \begin{pmatrix} -1 - \frac{2}{3}t \\ t \end{pmatrix} = \begin{pmatrix} -1 \\ 0 \end{pmatrix} + t \cdot \begin{pmatrix} -\frac{2}{3} \\ 1 \end{pmatrix}$.

zu Aufgabe 3.5.05

a) Damit erst nach α und dann nach β abgebildet wird, muss gelten:

$$\beta \circ \alpha : \vec{x}' = \left(\begin{pmatrix} 1 & 0 \\ 0 & 0 \end{pmatrix} \cdot \begin{pmatrix} 0 & -1 \\ 1 & 0 \end{pmatrix} \right) \cdot \vec{x} = \begin{pmatrix} 0 & -1 \\ 0 & 0 \end{pmatrix} \cdot \vec{x}$$

b) Damit erst nach β und dann nach α abgebildet wird, muss gelten:

$$\alpha \circ \beta : \vec{x}' = \left(\begin{pmatrix} 0 & -1 \\ 1 & 0 \end{pmatrix} \cdot \begin{pmatrix} 1 & 0 \\ 0 & 0 \end{pmatrix} \right) \cdot \vec{x} = \begin{pmatrix} 0 & 0 \\ 1 & 0 \end{pmatrix} \cdot \vec{x}$$

c) Bei Aufgabenteil a) wird das Bild zuerst um 90° gedreht und dann auf die x-Achse projiziert. Bei b) wird zuerst projiziert und dann gedreht. Dabei macht es natürlich einen Unterschied, in welcher Reihenfolge dies geschieht, so dass wir für abgebildete Punkte, unterschiedliche Ergebnisse erhalten.

zu Aufgabe 3.5.06 Die Punkte A, B und die abgebildeten Punkte A', B' sind bekannt, so dass wir nun die Unbekannten a, b, c, d der Abbildungsmatrix M bestimmen müssen. Ansatz: I $M \cdot A = A'$ und II $M \cdot B = B'$.

a) Aus I $\begin{pmatrix} a & b \\ c & d \end{pmatrix} \cdot \begin{pmatrix} 1 \\ 1 \end{pmatrix} = \begin{pmatrix} 2 \\ 2 \end{pmatrix}$ und II $\begin{pmatrix} a & b \\ c & d \end{pmatrix} \cdot \begin{pmatrix} 2 \\ 2 \end{pmatrix} = \begin{pmatrix} 6 \\ 5 \end{pmatrix}$ folgt das LGS

$$\begin{array}{lrcl} \text{I} & a + b & = & 2 \\ \text{II} & c + d & = & 2 \\ \text{III} & 3a + 2b & = & 6 \\ \text{IV} & 3c + 2d & = & 5 \end{array} \Rightarrow a = 2,\ b = 0,\ c = 1 \text{ und } d = 1$$

und damit die gesuchte Abbildungsmatrix $M = \begin{pmatrix} 2 & 0 \\ 1 & 1 \end{pmatrix}$.

b) Aus I $\begin{pmatrix} a & b \\ c & d \end{pmatrix} \cdot \begin{pmatrix} 0 \\ 2 \end{pmatrix} = \begin{pmatrix} -2 \\ 0 \end{pmatrix}$ und II $\begin{pmatrix} a & b \\ c & d \end{pmatrix} \cdot \begin{pmatrix} -1 \\ 1 \end{pmatrix} = \begin{pmatrix} -4 \\ -1 \end{pmatrix}$ folgt das LGS

$$\begin{array}{lrcl} \text{I} & 2b & = & -2 \\ \text{II} & 2d & = & 0 \\ \text{III} & -a + b & = & -4 \\ \text{IV} & -c + d & = & -1 \end{array} \Rightarrow a = 3,\ b = -1,\ c = 1 \text{ und } d = 0$$

und damit die gesuchte Abbildungsmatrix $M = \begin{pmatrix} 3 & -1 \\ 1 & 0 \end{pmatrix}$.

D zu Stochastik

Grundlagen

zu Aufgabe 4.1.01

a) $\Omega = \{\text{Kopf}; \text{Zahl}\}$ b) $\Omega = \{\text{rot}; \text{blau}; \text{gelb}\}$ c) $\Omega = \{\text{rr}; \text{rb}; \text{br}; \text{bb}\}$

zu Aufgabe 4.1.02

sicheres Ereignis, z.B.

- Augenzahl ist größer als 1
- Augenzahl ist zwischen 2 und 12

unmögliches Ereignis, z.B.

- Augenzahl ist gleich 1
- Augenzahl ist größer als 12

zu Aufgabe 4.1.03

a) 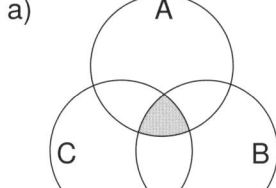   b) 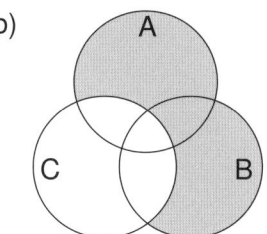   c)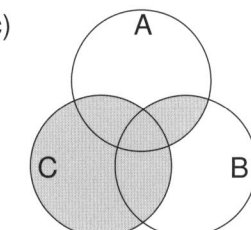

zu Aufgabe 4.1.04 a) richtig b) richtig c) falsch

zu Aufgabe 4.1.05

a) $\Omega = \{\text{KK}; \text{KZ}; \text{ZK}; \text{ZZ}\}$, $A = \{\text{KZ}; \text{ZK}\}$, $P(A) = 2/4 = 1/2$

b) $\Omega = \{1; 2; 3; 4; 5; 6\}$, $A = \{2; 3; 5\}$, $P(A) = 3/6 = 1/2$

c) $\Omega = \{1; 2; 3; 4; 5; 6; 7; 8; 9; 10; 11; 12; 13; 14; 15; 16; 17; 18; 19; 20\}$,
$A = \{10; 11; 12; 13; 14; 15; 16; 17; 18; 19; 20\}$, $P(A) = 11/20$

Baumdiagramme

zu Aufgabe 4.2.01

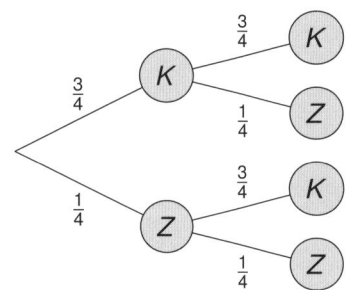

zu Aufgabe 4.2.02 a)

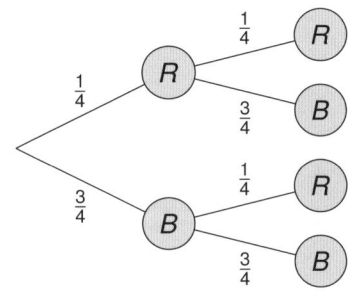

b) $P(RR) = 1/4 \cdot 1/4 = 1/16$

c) $P(\overline{RR}) = P(RB) + P(BR) + P(BB)$
$= 1/4 \cdot 3/4 + 3/4 \cdot 1/4 + 3/4 \cdot 3/4 = 15/16$

zu Aufgabe 4.2.03 a)

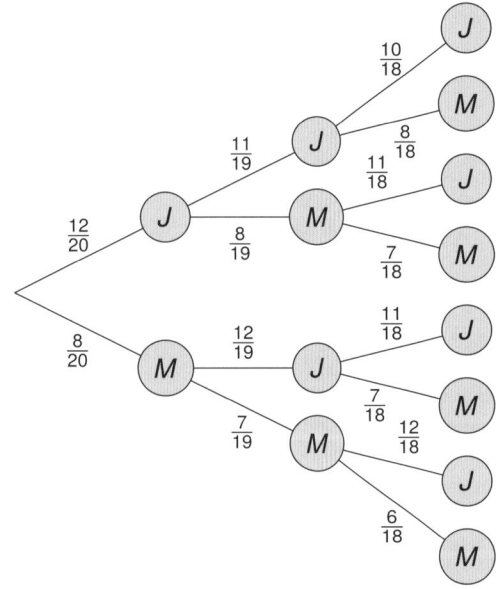

b) $P(JJJ) = \frac{12}{20} \cdot \frac{11}{19} \cdot \frac{10}{18} = \frac{11}{57} \approx 0{,}19$

zu Aufgabe 4.2.04

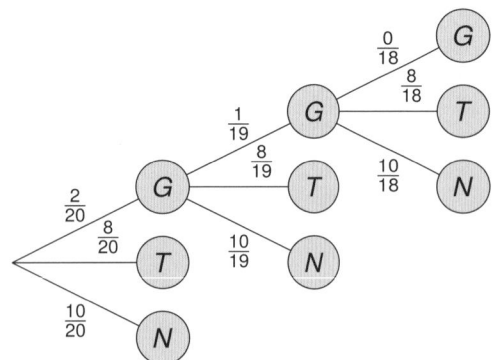

a) $P(G, G) = \frac{2}{20} \cdot \frac{1}{19} = \frac{1}{190} \approx 0{,}0052$

b) Ablesen aus Baumdiagramm liefert: $8/18 = 4/9 \approx 0{,}444$. Alternativ: Es sind noch 18 Lose übrig und 8 Trostpreise vorhanden, also ist die Wahrscheinlichkeit $8/18$.

c) $P(G, G, T) = \frac{2}{20} \cdot \frac{1}{19} \cdot \frac{8}{18} = \frac{2}{855} \approx 0{,}0023$

Kombinatorik

zu Aufgabe 4.3.01

a) $n^k = 10^7 = 10000000$

b) $n! = 10! = 3628800$

c) $\frac{n!}{(n-k)!} = \frac{6!}{(6-3)!} = 120$

d) $\frac{k!}{m_1! \cdot m_2!} = \frac{5!}{3! \cdot 2!} = 10$

e) $\binom{n}{k} = \binom{30}{5} = 142506$

f) $\frac{k!}{m_1! \cdot m_2! \cdot m_3!} = \frac{4!}{2! \cdot 1! \cdot 1!} = 12$

g) $\binom{n+k-1}{k} = \binom{20+4-1}{4} = 8855$

h) $\binom{n+k-1}{k} = \binom{3+5-1}{5} = 21$

i) $n! = 9! = 362880$

Bedingte Wahrscheinlichkeit und Unabhängigkeit

zu Aufgabe 4.4.01

	A	$\overline{A}$	$\sum$
B	20%	20%	40%
$\overline{B}$	40%	20%	60%
$\sum$	60%	40%	100%

$P(A|B) = \frac{P(A \cap B)}{P(B)} = \frac{0{,}2}{0{,}4} = 0{,}5$

zu Aufgabe 4.4.02 a)

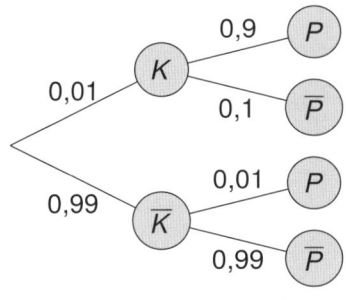

	K	$\overline{K}$	$\sum$
P	0,009	0,0099	0,0189
$\overline{P}$	0,001	0,9801	0,9811
$\sum$	0,01	0,99	1

b) $P(K|P) = \frac{P(K \cap P)}{P(P)} = \frac{0{,}009}{0{,}0189} \approx 0{,}4762$

Die Wahrscheinlichkeit nach einem positiven Test krank zu sein, liegt bei 47,6%.

zu Aufgabe 4.4.03

	A	B	$\sum$
S	2/6	1/10	13/30
W	1/6	4/10	17/30
$\sum$	1/2	1/2	1

a) $P(A|W) = \frac{P(A \cap W)}{P(W)} = \frac{1/6}{17/30} = \frac{5}{17} \approx 0{,}29$

b) $P(B|W) = \frac{P(B \cap W)}{P(W)} = \frac{4/10}{17/30} = \frac{12}{17} \approx 0{,}71$

zu Aufgabe 4.4.04 $P(B|P) = \frac{P(P|B) \cdot P(B)}{P(P)} = \frac{0{,}6 \cdot 0{,}7}{0{,}8} = 0{,}525$

Antwort: Zu 52,5% ist er mit der Bahn gekommen.

zu Aufgabe 4.4.05 $P(A|D) = \frac{P(D|A) \cdot P(A)}{P(D)} = \frac{0,1 \cdot 0,4}{0,05} = 0,8$

Antwort: Zu 80% stammt der Schalter von Maschine A.

zu Aufgabe 4.4.06

a)

	M	$\overline{M}$	$\sum$
S	6%	24%	30%
$\overline{S}$	14%	56%	70%
$\sum$	20%	80%	100%

b) $P(M \cap S) = P(M) \cdot P(S)$
$\Rightarrow 0,06 = 0,2 \cdot 0,3 \Leftrightarrow 0,06 = 0,06$ ✓

c) $P(\overline{S}|M) = \frac{P(\overline{S} \cap M)}{P(M)} = \frac{0,14}{0,2} = 0,7$

zu Aufgabe 4.4.07

a)

	M	$\overline{M}$	$\sum$
S	0,05	0,4	0,45
$\overline{S}$	0,1	0,45	0,55
$\sum$	0,15	0,85	1

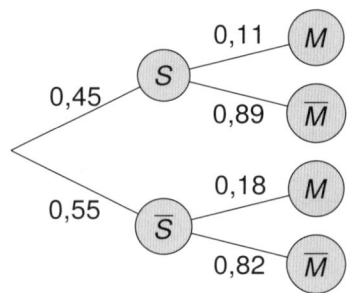

b) Testen der Unabhängigkeit:
$P(S \cap M) = P(S) \cdot P(M) \Rightarrow 0,05 = 0,45 \cdot 0,15 \Leftrightarrow 0,05 \neq 0,07$

Berechnen der Wahrscheinlichkeiten, falls die Spieler Sport treiben:

- $P(M|S) = \frac{P(M \cap S)}{P(S)} = \frac{0,05}{0,45} \approx 0,11$
- $P(\overline{M}|S) = 1 - P(M|S) = 0,89$

Berechnen der Wahrscheinlichkeiten, falls die Spieler keinen Sport treiben:

- $P(M|\overline{S}) = \frac{P(M \cap \overline{S})}{P(\overline{S})} = \frac{0,1}{0,55} \approx 0,18$
- $P(\overline{M}|\overline{S}) = 1 - P(M|\overline{S}) = 0,82$

Spezielle diskrete Verteilungen

zu Aufgabe 4.5.01

e_i	$(Z|Z|Z)$	$(Z|Z|K),(Z|K|Z),(K|Z|Z)$	$(Z|K|K),(K|Z|K),(K|K|Z)$	$(K|K|K)$
$X(e_i) = x_i$	3	2	1	0
$P(x_i)$	1/8	3/8	3/8	1/8

zu Aufgabe 4.5.02 a) ja b) nein c) ja d) nein

zu Aufgabe 4.5.03 a) $\Omega = \{1; 2; 3; 4\}$

b)

P(x) diagram: values 1/3 at x=1, 1/6 at x=2, 1/6 at x=3, 1/3 at x=4

c)

F(x) step function: 1/3 at 1, 1/2 at 2, 2/3 at 3, 1 at 4

zu Aufgabe 4.5.04 Da bei einem Bernoulli-Experiment immer nur ein Ereignis eintritt oder nicht, kann man z.B. das Ereignis *man würfelt eine 6* nehmen. Das Gegenereignis ist dann *man würfelt keine 6*. Weitere Beispiele:
Ungerade Zahl/keine ungerade Zahl oder *Zahl unter 3/keine Zahl unter 3*

zu Aufgabe 4.5.05 a) ja b) nein c) ja d) ja

zu Aufgabe 4.5.06

a) $P(3) = \binom{3}{3} \cdot 0{,}4^3 \cdot 0{,}6^0 = 0{,}064$

b) $P(X \geq 1) = 1 - P(0) = 1 - \binom{3}{0} \cdot 0{,}4^0 \cdot 0{,}6^3 = 0{,}784$

zu Aufgabe 4.5.07

a) Da jede Schraube dieselbe Wahrscheinlichkeit aufweist defekt zu sein, wenden wir die Binomialverteilung an:

$$P(4) = \binom{20}{4} \cdot 0{,}03^4 \cdot 0{,}97^{16} \approx 0{,}0024$$

b) $P(X \leq 2) = P(0) + P(1) + P(2) = 0{,}5438 + 0{,}3364 + 0{,}0988 = 0{,}979$

zu Aufgabe 4.5.08

a) $\mu = n \cdot p = 5 \cdot 5/8 = 3{,}125$, $\sigma^2 = n \cdot p \cdot (1-p) = 5 \cdot 5/8 \cdot 3/8 = 1{,}172$, $\sigma = \sqrt{\sigma^2} = 1{,}083$

b) $P(1) = \binom{5}{1} \cdot \left(\frac{5}{8}\right)^1 \cdot \left(\frac{3}{8}\right)^4 = 0{,}0618$, $P(3) = \binom{5}{3} \cdot \left(\frac{5}{8}\right)^3 \cdot \left(\frac{3}{8}\right)^2 = 0{,}3433$

$P(5) = \binom{5}{5} \cdot \left(\frac{5}{8}\right)^5 \cdot \left(\frac{3}{8}\right)^0 = 0{,}0954$

zu Aufgabe 4.5.09 Entweder Berechnung mit dem Taschenrechner, oder Ablesen der Werte aus Tabelle!

a) $P(X \geq 15) = 1 - P(X \leq 14) = 1 - 0{,}0804 = 0{,}9196$

b) $P(X \leq 20) = 0{,}5595$

c) $P(20 < X < 30) = P(X \leq 29) - P(X \leq 20) = 0{,}9888 - 0{,}5595 = 0{,}4293$

zu Aufgabe 4.5.10

a) mit $p = 1/4 = 0{,}25$ und $n = 20$ folgt mit Tabelle (TR auch möglich)

$$P(X \geq 10) = 1 - P(X \leq 9) = 1 - 0{,}9861 = 0{,}0139$$

Antwort: Daniel besteht mit einer Wahrscheinlichkeit von 1,39% die Klausur durch Raten.

b) mit $p = 1/2 = 0{,}5$ und $n = 20$ folgt mit Tabelle (TR auch möglich)

$$P(X \geq 10) = 1 - P(X \leq 9) = 1 - 0{,}4119 = 0{,}5881$$

Antwort: Wenn Daniel zwei Antworten ausschließen kann, liegen seine Bestehens-Chancen bei 58,81%.

c) mit $p = 1/2 = 0{,}5$ und $n = 20$ folgt mit Tabelle (TR auch möglich)

$$P(X \geq 15) = 1 - P(X \leq 14) = 1 - 0{,}9793 = 0{,}0207$$

Antwort: Wenn Daniel zwei Antworten ausschließen kann, liegen seine Chancen auf eine 2,0 oder besser bei 2,07%.

zu Aufgabe 4.5.11 $P(X \geq 1) \geq 0{,}9 \Leftrightarrow 1 - P(X = 0) \geq 0{,}9 \Leftrightarrow P(X = 0) \leq 0{,}1$

mit $P(X = 0) = \binom{n}{0} \cdot 0{,}01^0 \cdot 0{,}99^n$ folgt:

$$\Rightarrow 0{,}99^n \leq 0{,}1 \Leftrightarrow \ln(0{,}99^n) \leq \ln(0{,}1) \Leftrightarrow n \cdot \ln(0{,}99) \leq \ln(0{,}1) \Leftrightarrow n \geq 229{,}11$$

Antwort: Man muss 230 Briefmarken kaufen, damit zu 90% eine fehlerhafte Marke dabei ist.

zu Aufgabe 4.5.12

a) $P(X \geq 1) \geq 0{,}95 \Leftrightarrow 1 - P(X = 0) \geq 0{,}95 \Leftrightarrow P(X = 0) \leq 0{,}05$

mit $P(X = 0) = \binom{n}{0} \cdot 0{,}8^n \cdot 0{,}2^0$ folgt:

$$\Rightarrow 0{,}8^n \leq 0{,}05 \Leftrightarrow \ln(0{,}8^n) \leq \ln(0{,}05) \Leftrightarrow n \cdot \ln(0{,}8) \leq \ln(0{,}05) \Leftrightarrow n \geq 13{,}43$$

Antwort: Man muss 14 mal schießen, damit zu 95% ein Fehlschuss dabei ist.

b) Ansatz: $P(X = 5) = 0{,}8$

$$\Rightarrow P(X = 5) = \binom{5}{5} \cdot p^5 \cdot (1-p)^0 \stackrel{!}{=} 0{,}8 \Leftrightarrow p^5 = 0{,}8 \Leftrightarrow p = 0{,}96$$

Antwort: Die Wahrscheinlichkeit einen Elfmeter zu verwandeln muss bei 96% liegen.

zu Aufgabe 4.5.13 Da $\sigma = \sqrt{100 \cdot 1/6 \cdot 5/6} \approx 3{,}73 > 3$ ist, können wir für das Intervall die Sigma-Regeln anwenden. Es folgt mit $\mu = 100 \cdot 1/6 \approx 16{,}67$:

$$[\mu - 1{,}64 \cdot \sigma;\ \mu + 1{,}64 \cdot \sigma] = [16{,}67 - 1{,}64 \cdot 3{,}73;\ 16{,}67 + 1{,}64 \cdot 3{,}73] = [10{,}55;\ 22{,}79]$$

Da nur ganze Zahlen möglich sind, lautet das gesuchte Intervall $[11;\ 22]$.

zu Aufgabe 4.5.14

a) mit $n = 5$, $M = 4$ und $N = 10$ folgt:

$$\mu = n \cdot \frac{M}{N} = 5 \cdot \frac{4}{10} = 2, \quad \sigma^2 = n \cdot \frac{M}{N} \cdot \left(1 - \frac{M}{N}\right) \cdot \frac{N-n}{N-1} = \frac{6}{9}, \quad \sigma \approx 0{,}82$$

b) $P(X = 3) = \dfrac{\binom{M}{k} \cdot \binom{N-M}{n-k}}{\binom{N}{n}} = \dfrac{\binom{4}{3} \cdot \binom{6}{2}}{\binom{10}{5}} = 0{,}2381$

zu Aufgabe 4.5.15

a) mit $N = 20$, $M = 8$, $n = 4$ und $k = 2$ folgt: $P(2) = \dfrac{\binom{8}{2} \cdot \binom{12}{2}}{\binom{20}{4}} \approx 0{,}38$

b) mit $N = 20$, $M = 8$, $n = 4$ und $k = 0$ folgt: $P(0) = \dfrac{\binom{8}{0} \cdot \binom{12}{4}}{\binom{20}{4}} \approx 0{,}1$

Spezielle stetige Verteilungen

zu Aufgabe 4.6.01

a) $f(x) = \begin{cases} 1/2 & \text{, für } 20 \leq x \leq 22 \\ 0 & \text{, sonst} \end{cases}$

b) $P(20 \leq X \leq 21) = \int_{20}^{21} \frac{1}{2} \, dx = \frac{1}{2}$

zu Aufgabe 4.6.02

a) $\mu = \int_{-\infty}^{\infty} x f(x) \, dx = \int_{0}^{4} x \cdot (0{,}5 - 0{,}125x) \, dx = \left[0{,}25 x^2 - \frac{1}{24} x^3\right]_0^4 = \frac{4}{3}$
$\sigma^2 = \int_{-\infty}^{\infty} (x - \mu)^2 \cdot f(x) \, dx = \int_{0}^{4} (x - \frac{4}{3})^2 \cdot (0{,}5 - 0{,}125x) \, dx = \frac{8}{9}$
$\sigma = \sqrt{\sigma^2} \approx 0{,}94$

b) $P(X = 1) = \int_{1}^{1} 0{,}5 - 0{,}125 x \, dx = 0$

c) $P(2 \leq X \leq 3) = \int_{2}^{3} 0{,}5 - 0{,}125 x \, dx = \left[0{,}5 x - \frac{1}{16} x^2\right]_2^3 = \frac{3}{16}$

zu Aufgabe 4.6.03

a) 0,695

b) 0,516

c) $1 - 0{,}9893 = 0{,}0107$

d) $1 - 0{,}9049 = 0{,}0951$

zu Aufgabe 4.6.04

a) $P(X > 35) = 1 - P(X \leq 35) = 1 - \Phi\left(\frac{35-30}{5}\right) = 1 - \Phi(1) = 1 - 0{,}8413 = 0{,}1587$
Antwort: Zu 15,87% ist ein zufällig ausgewählter Hund schwerer als 35 kg.

b) $P(20 \leq X \leq 35) = \Phi\left(\frac{35-30}{5}\right) - \Phi\left(\frac{20-30}{5}\right) = \Phi(1) - \Phi(-2) = 0{,}8185$
Antwort: Zu 81,85% wiegt ein Hund zwischen 20 und 35 kg.

c) $P(X > Y) = 0{,}01 \Leftrightarrow 1 - P(X \leq Y) = 0{,}01 \Leftrightarrow P(X \leq Y) = 0{,}99 \Leftrightarrow \Phi\left(\frac{Y-30}{5}\right) = 0{,}99 \Leftrightarrow$
$\frac{Y-30}{5} = 2{,}33 \Leftrightarrow Y = 41{,}65$
Antwort: Der Hund muss mindestens 41,65 kg schwer sein, um schwerer als 99% seiner Artgenossen zu sein.

zu Aufgabe 4.6.05

a) $P(X \leq 48) = \Phi\left(\frac{48-52}{2}\right) = \Phi(-2) = 1 - \Phi(2) = 1 - 0{,}9772 = 0{,}0228$
Antwort: 2,28% der Neugeborenen sind maximal 48 cm groß.

b) $P(X > 57) = 1 - \Phi\left(\frac{57-52}{2}\right) = 1 - \Phi(2{,}5) = 0{,}0062$
Antwort: 0,62% der Neugeborenen sind größer als 57 cm.

c) $P(49 \leq X \leq 55) = \Phi\left(\frac{55-52}{2}\right) - \Phi\left(\frac{49-52}{2}\right) = \Phi(1{,}5) - \Phi(-1{,}5) = 0{,}8664$
Antwort: Bei 86,64% weicht die Körpergröße um höchstens 3 cm vom Erwartungswert ab.

d) $P(X > Y) = 0{,}1 \Leftrightarrow 1 - P(X \leq Y) = 0{,}1 \Leftrightarrow P(X \leq Y) = 0{,}9 \Leftrightarrow \Phi\left(\frac{Y-52}{2}\right) = 0{,}9 \Leftrightarrow \frac{Y-52}{2} = 1{,}28 \Leftrightarrow Y = 54{,}56$
Antwort: 10% der Neugeborenen überschreiten die Körpergröße von 54,56 cm.

zu Aufgabe 4.6.06

a) $q_{0,25} = \mu + \sigma \cdot z_{0,25} = \mu + \sigma \cdot (-z_{0,75}) = 10 + \sqrt{2} \cdot (-0{,}67) \approx 9{,}05$

b) $q_{0,9} = \mu + \sigma \cdot z_{0,9} = 100 + \sqrt{10} \cdot 1{,}28 \approx 105{,}05$

c) $q_{0,997} = \mu + \sigma \cdot z_{0,99} = 1000 + \sqrt{500} \cdot 2{,}75 \approx 1061{,}49$

zu Aufgabe 4.6.07

a) Wir prüfen die Laplace-Bedingung: $\sigma = \sqrt{n \cdot p \cdot (1-p)} > 3$

    i) $n = 100, p = 0{,}6$: $\sigma = \sqrt{100 \cdot 0{,}6 \cdot 0{,}4} = 4{,}9 > 3$ ✓

    ii) $n = 10, p = 1/6$: $\sigma = \sqrt{10 \cdot 1/6 \cdot 5/6} = 1{,}18 > 3$ ✗

    iii) $n = 50, p = 1/3$: $\sigma = \sqrt{50 \cdot 1/3 \cdot 2/3} = 3{,}33 > 3$ ✓

    iv) $n = 500, p = 0{,}01$: $\sigma = \sqrt{500 \cdot 0{,}01 \cdot 0{,}99} = 2{,}22 > 3$ ✗

b) Gesucht ist hier das n, für das $\sigma > 3$ ist.

    ii) $3 < \sqrt{n \cdot 1/6 \cdot 5/6} \;|^2 \Leftrightarrow 9 < n \cdot 5/36 \Leftrightarrow 64{,}8 < n$
    Antwort: Ab 65 Wiederholungen kann durch die Normalverteilung approximiert werden.

    iv) $3 < \sqrt{n \cdot 0{,}01 \cdot 0{,}99} \;|^2 \Leftrightarrow 9 < n \cdot 0{,}0099 \Leftrightarrow 909{,}09 < n$
    Antwort: Ab 910 Wiederholungen kann durch die Normalverteilung approximiert werden.

Hypothesentests

zu Aufgabe 4.7.01 a) falsch b) richtig c) falsch d) falsch

zu Aufgabe 4.7.02

a) $H_0 : p \leq 0{,}5$; $H_1 : p > 0{,}5$

b) $H_0 : p = 0{,}4$; $H_1 : p = 0{,}6$

c) H_0 : Das Teilchen existiert nicht; H_1 : Das Teilchen existiert.

zu Aufgabe 4.7.03 a) falsch b) richtig c) richtig d) falsch

zu Aufgabe 4.7.04

a) 1. Art: Er wird verurteilt, obwohl er unschuldig ist.
   2. Art: Er wird freigesprochen, obwohl er schuldig ist.

b) 1. Art: Es wird angekommen, dass sie mehr Ausschuss produziert, obwohl sie weiterhin nur 5% Ausschuss hat.
   2. Art: Es wird angenommen, dass sie nur 5% Ausschuss produziert, obwohl es mehr ist.

c) 1. Art: Es wird angenommen, dass das Medikament nicht besser wirkt als das alte, obwohl es besser wirkt.
   2. Art: Es wird angenommen, dass das Medikament besser wirkt, obwohl es schlechter wirkt.

zu Aufgabe 4.7.05 Wir arbeiten das bekannte Vorgehen ab und verwenden in diesem Fall die σ-Regeln.

1. Hypothesen aufstellen: $H_0 : p \geq 0{,}7$; $H_1 : p < 0{,}7$

2. Wir erkennen, dass es sich um einen linksseitigen Hypothesentest handelt.

3. Erwartungswert berechnen: $\mu = n \cdot p = 140 \cdot 0{,}7 = 98$

4. Standardabweichung berechnen und Laplace-Bedingung prüfen:
$$\sigma = \sqrt{n \cdot p \cdot (1-p)} = \sqrt{140 \cdot 0{,}7 \cdot 0{,}3} = 5{,}42 > 3 \checkmark$$

5. Signifikanzniveau $\alpha = 5\%$ beachten, woraus $z_\alpha = 1{,}64$ folgt.

6. Annahme- und Ablehnungsbereich mit den σ-Regeln bestimmen:
$$\overline{A} = [0;\ \mu - z_\alpha \cdot \sigma] = [0;\ 89] \quad \text{und} \quad A = [90; 140]$$

7. Entscheidungsregel aufstellen: H_0 wird verworfen, wenn höchstens 89 Personen für das Projekt stimmen.

8. In der Aufgabe steht, dass bei der Befragung 81 Personen zugestimmt haben. Die Stichprobe liefert das Ergebnis, dass H_0 somit nicht angenommen und abgelehnt werden muss, da der Wert der Stichprobe in den Ablehnungsbereich fällt.

zu Aufgabe 4.7.06

1. Hypothesen aufstellen: $H_0 : p = 0{,}3$; $H_1 : p \neq 0{,}3$

2. Wir erkennen, dass es sich um einen beidseitigen Hypothesentest handelt.

3. Erwartungswert berechnen: $\mu = n \cdot p = 100 \cdot 0{,}3 = 30$

4. Standardabweichung berechnen und Laplace-Bedingung prüfen:
$$\sigma = \sqrt{n \cdot p \cdot (1-p)} = \sqrt{100 \cdot 0{,}3 \cdot 0{,}7} = 4{,}58 > 3 \checkmark$$

5. Signifikanzniveau $\alpha = 5\%$ beachten, woraus $z_{\frac{\alpha}{2}} = 1{,}96$ folgt.

6. Annahme- und Ablehnungsbereich mit den σ-Regeln bestimmen:
$$A = [\mu - z_{\frac{\alpha}{2}} \cdot \sigma;\ \mu + z_{\frac{\alpha}{2}} \cdot \sigma] = [22; 38] \quad \text{und} \quad \overline{A} = [0; 21] \cup [39; 100]$$

7. Entscheidungsregel aufstellen: H_0 wird verworfen, wenn höchstens 21 oder mindestens 39 Bürger Partei X unterstützen.

8. In der Aufgabe steht, dass bei der Befragung 36 Personen Partei X unterstützen. Die Stichprobe liefert das Ergebnis, dass H_0 beibehalten und somit nicht verworfen wird, da der Wert der Stichprobe in den Annahmebereich fällt.

9. Der Fehler 1. Art liegt bei 5%, da das Signifikanzniveau 5% beträgt. Im Aufgabentext steht nun, dass tatsächlich 40% für die Partei gestimmt haben. Es folgt für die Berechnung des Fehlers 2. Art:

$$P(22 \leq X \leq 38) = \Phi\left(\frac{38 + 0{,}5 - \overbrace{40}^{=100 \cdot 0{,}4}}{\underbrace{4{,}9}_{=\sqrt{100 \cdot 0{,}4 \cdot 0{,}6}}}\right) - \Phi\left(\frac{22 - 0{,}5 - 40}{4{,}9}\right)$$

$$= \Phi(-0{,}31) - \Phi(-3{,}78) = 0{,}3782$$

Das bedeutet, dass zu 37,82% angenommen wird, dass der Anteil der Unterstützer 30% beträgt, obwohl dies nicht der Wahrheit entspricht.

zu Aufgabe 4.7.07 An dieser Stelle führen wir den Hypothesentest mit Ablesen aus der Tabelle durch.

- Hypothesen aufstellen: $H_0 : p = 0{,}3$ und $H_1 : p \neq 0{,}3$

- Es muss für den Annahme- und Ablehnungsbereich gelten:
  $P(X \leq k_l) \leq \alpha/2$ und $P(X \geq k_r) \leq \alpha/2 \Leftrightarrow 1 - P(X \leq k_r - 1) \leq \alpha/2$. Daraus folgt mit $n = 20$ und $p = 0{,}3$ aus der Tabelle:

$$\overline{A} = [0; 2] \cup [10; 20] \quad \text{und} \quad A = [3; 9]$$

- Da in der Stichprobe 6 Personen Blutgruppe A hatten und dieser Wert in den Annahmebereich fällt, wird H_0 beibehalten.

zu Aufgabe 4.7.08

a) H_0: Die Quote der weitsichtigen Personen liegt bei 30%; $H_0 : p \leq 0{,}3$
   H_1: Die Quote der weitsichtigen Personen liegt über 30%; $H_1 : p > 0{,}3$

   Fehler 1. Art: Die Quote liegt bei 30%, obwohl H_0 verworfen wurde.
   Fehler 2. Art: Die Quote liegt bei über 30%, obwohl H_0 beibehalten wurde.

b) Es liegt ein rechtsseitiger Hypothesentest vor. Wir bestimmen den Annahme- und Ablehnungsbereich mit der Tabelle.
   Es muss gelten: $P(X \geq k) \leq \alpha \Leftrightarrow 1 - P(X \leq k - 1) \leq \alpha$. Daraus folgt mit $n = 100$ und $p = 0{,}3$:

$$A = [0; 35] \quad \text{und} \quad \overline{A} = [36; 100]$$

c) Fehler 2. Art: $P(X \leq 35) = F(100; 0{,}4; 35) = 0{,}1795 = 17{,}95\%$

Notizen

σ-Regeln für **BINOMIALVERTEILUNGEN**

Wenn die Laplace-Bedingung $\sigma > 3$ erfüllt ist, gelten die σ-Regeln:

$P(\mu-1{,}64\sigma \leq X \leq \mu+1{,}64\sigma) \approx 0{,}90$	$P(\mu-1{,}64\sigma \leq X) \approx 0{,}95$
	$P(X \leq \mu+1{,}64\sigma) \approx 0{,}95$
$P(\mu-1{,}96\sigma \leq X \leq \mu+1{,}96\sigma) \approx 0{,}95$	$P(\mu-1{,}96\sigma \leq X) \approx 0{,}975$
	$P(X \leq \mu+1{,}96\sigma) \approx 0{,}975$
$P(\mu-2{,}58\sigma \leq X \leq \mu+2{,}58\sigma) \approx 0{,}99$	$P(\mu-2{,}58\sigma \leq X) \approx 0{,}995$
	$P(X \leq \mu+2{,}58\sigma) \approx 0{,}995$

$P(\mu-1\sigma \leq X \leq \mu+1\sigma) \approx 0{,}683$	$P(\mu-1\sigma \leq X) \approx 0{,}841$
	$P(X \leq \mu+1\sigma) \approx 0{,}841$
$P(\mu-2\sigma \leq X \leq \mu+2\sigma) \approx 0{,}954$	$P(\mu-2\sigma \leq X) \approx 0{,}977$
	$P(X \leq \mu+2\sigma) \approx 0{,}977$
$P(\mu-3\sigma \leq X \leq \mu+3\sigma) \approx 0{,}997$	$P(\mu-3\sigma \leq X) \approx 0{,}999$
	$P(X \leq \mu+3\sigma) \approx 0{,}999$

Eine binomialverteilte Zufallsvariable X hat den Erwartungswert $\mu = n \cdot p$ und die Standardabweichung $\sigma = \sqrt{np(1-p)}$.

Kumulierte BINOMIALVERTEILUNGEN für $n = 10$ und $n = 20$

$$F(n,p,k) = B(n,p,0) + \ldots + B(n,p,k) = \binom{n}{0} \cdot p^0 \cdot (1-p)^{n-0} + \ldots + \binom{n}{k} \cdot p^k \cdot (1-p)^{n-k}$$

n	k	0,02	0,05	0,08	0,1	0,15	0,2	0,25	0,3	0,5		n
	0	0,8171	0,5987	0,4344	0,3487	0,1969	0,1074	0,0563	0,0282	0,0010	9	
	1	0,9838	0,9139	0,8121	0,7361	0,5443	0,3758	0,2440	0,1493	0,0107	8	
	2	0,9991	0,9885	0,9599	0,9298	0,8202	0,6778	0,5256	0,3828	0,0547	7	
	3		0,9990	0,9942	0,9872	0,9500	0,8791	0,7759	0,6496	0,1719	6	
10	4		0,9999	0,9994	0,9984	0,9901	0,9672	0,9219	0,8497	0,3770	5	10
	5				0,9999	0,9986	0,9936	0,9803	0,9527	0,6230	4	
	6					0,9999	0,9991	0,9965	0,9894	0,8281	3	
	7						0,9999	0,9996	0,9984	0,9453	2	
	8							0,9999	0,9999	0,9893	1	
	9	Nicht aufgeführte Werte sind (auf 4 Dez.) 1,000								0,9990	0	
	0	0,6676	0,3585	0,1887	0,1216	0,0388	0,0115	0,0032	0,0008	0,0000	19	
	1	0,9401	0,7358	0,5169	0,3917	0,1756	0,0692	0,0243	0,0076	0,0000	18	
	2	0,9929	0,9245	0,7879	0,6769	0,4049	0,2061	0,0913	0,0355	0,0002	17	
	3	0,9994	0,9841	0,9294	0,8670	0,6477	0,4114	0,2252	0,1071	0,0013	16	
	4		0,9974	0,9817	0,9568	0,8298	0,6296	0,4148	0,2375	0,0059	15	
	5		0,9997	0,9962	0,9887	0,9327	0,8042	0,6172	0,4164	0,0207	14	
	6			0,9994	0,9976	0,9781	0,9133	0,7858	0,6080	0,0577	13	
	7			0,9999	0,9996	0,9941	0,9679	0,8982	0,7723	0,1316	12	
20	8				0,9999	0,9987	0,9900	0,9591	0,8867	0,2517	11	20
	9					0,9998	0,9974	0,9861	0,9520	0,4119	10	
	10						0,9994	0,9961	0,9829	0,5881	9	
	11						0,9999	0,9991	0,9949	0,7483	8	
	12							0,9998	0,9987	0,8684	7	
	13								0,9997	0,9423	6	
	14									0,9793	5	
	15									0,9941	4	
	16	Nicht aufgeführte Werte sind (auf 4 Dez.) 1,000								0,9987	3	
	17									0,9998	2	
n		0,98	0,95	0,92	0,9	0,85	0,8	0,75	0,7	0,5	k	n

p

Bei grau unterlegtem Eingang, d.h. $p \geq 0{,}5$, gilt: $F(n,p,k) = 1 -$ abgelesener Wert.

Kumulierte BINOMIALVERTEILUNGEN für $n = 100$

n	k	0,05	0,07	0,1	0,15	1/6	0,2	0,25	0,27	0,3	1/3	0,4		n
	0	0,0059	0,0007	0,0000	0,0000	0,0000	0,0000	0,0000	0,0000	0,0000	0,0000	0,0000	99	
	1	0,0371	0,0060	0,0003	0,0000	0,0000	0,0000	0,0000	0,0000	0,0000	0,0000	0,0000	98	
	2	0,1183	0,0258	0,0019	0,0000	0,0000	0,0000	0,0000	0,0000	0,0000	0,0000	0,0000	97	
	3	0,2578	0,0744	0,0078	0,0001	0,0000	0,0000	0,0000	0,0000	0,0000	0,0000	0,0000	96	
	4	0,4360	0,1632	0,0237	0,0004	0,0001	0,0000	0,0000	0,0000	0,0000	0,0000	0,0000	95	
	5	0,6160	0,2914	0,0576	0,0016	0,0004	0,0000	0,0000	0,0000	0,0000	0,0000	0,0000	94	
	6	0,7660	0,4443	0,1172	0,0047	0,0013	0,0001	0,0000	0,0000	0,0000	0,0000	0,0000	93	
	7	0,8720	0,5988	0,2061	0,0122	0,0038	0,0003	0,0000	0,0000	0,0000	0,0000	0,0000	92	
	8	0,9369	0,7340	0,3209	0,0275	0,0095	0,0009	0,0000	0,0000	0,0000	0,0000	0,0000	91	
	9	0,9718	0,8380	0,4513	0,0551	0,0213	0,0023	0,0000	0,0000	0,0000	0,0000	0,0000	90	
	10	0,9885	0,9092	0,5832	0,0994	0,0427	0,0057	0,0001	0,0000	0,0000	0,0000	0,0000	89	
	11	0,9957	0,9531	0,7030	0,1635	0,0777	0,0126	0,0004	0,0001	0,0000	0,0000	0,0000	88	
	12	0,9985	0,9776	0,8018	0,2473	0,1297	0,0253	0,0010	0,0002	0,0000	0,0000	0,0000	87	
	13	0,9995	0,9901	0,8761	0,3474	0,2000	0,0469	0,0025	0,0006	0,0001	0,0000	0,0000	86	
	14	0,9999	0,9959	0,9274	0,4572	0,2874	0,0804	0,0054	0,0014	0,0002	0,0000	0,0000	85	
	15		0,9984	0,9601	0,5683	0,3877	0,1285	0,0111	0,0033	0,0004	0,0000	0,0000	84	
	16		0,9994	0,9794	0,6725	0,4942	0,1923	0,0211	0,0068	0,0010	0,0001	0,0000	83	
	17		0,9998	0,9900	0,7633	0,5994	0,2712	0,0376	0,0133	0,0022	0,0002	0,0000	82	
	18		0,9999	0,9954	0,8372	0,6965	0,3621	0,0630	0,0243	0,0045	0,0005	0,0000	81	
	19			0,9980	0,8935	0,7803	0,4602	0,0995	0,0420	0,0089	0,0011	0,0000	80	
	20			0,9992	0,9337	0,8481	0,5595	0,1488	0,0684	0,0165	0,0024	0,0000	79	
	21			0,9997	0,9607	0,8998	0,6540	0,2114	0,1057	0,0288	0,0048	0,0000	78	
	22			0,9999	0,9779	0,9369	0,7389	0,2864	0,1552	0,0479	0,0091	0,0001	77	
	23				0,9881	0,9621	0,8109	0,3711	0,2172	0,0755	0,0164	0,0003	76	
	24				0,9939	0,9783	0,8686	0,4617	0,2909	0,1136	0,0281	0,0006	75	
	25				0,9970	0,9881	0,9125	0,5535	0,3737	0,1631	0,0458	0,0012	74	
	26				0,9986	0,9938	0,9442	0,6417	0,4620	0,2244	0,0715	0,0024	73	
	27				0,9994	0,9969	0,9658	0,7224	0,5516	0,2964	0,1066	0,0046	72	
	28				0,9997	0,9985	0,9800	0,7925	0,6379	0,3768	0,1524	0,0084	71	
	29				0,9999	0,9993	0,9888	0,8505	0,7172	0,4623	0,2093	0,0148	70	
100	30					0,9997	0,9939	0,8962	0,7866	0,5491	0,2766	0,0248	69	100
	31					0,9999	0,9969	0,9307	0,8446	0,6331	0,3525	0,0398	68	
	32						0,9984	0,9554	0,8909	0,7107	0,4344	0,0615	67	
	33						0,9993	0,9724	0,9261	0,7793	0,5188	0,0913	66	
	34						0,9997	0,9836	0,9518	0,8371	0,6019	0,1303	65	
	35						0,9999	0,9906	0,9697	0,8839	0,6803	0,1795	64	
	36						0,9999	0,9948	0,9817	0,9201	0,7511	0,2386	63	
	37							0,9973	0,9893	0,9470	0,8123	0,3068	62	
	38							0,9986	0,9940	0,9660	0,8630	0,3822	61	
	39							0,9993	0,9968	0,9790	0,9034	0,4621	60	
	40							0,9997	0,9983	0,9875	0,9341	0,5433	59	
	41							0,9999	0,9992	0,9928	0,9566	0,6225	58	
	42							0,9999	0,9996	0,9960	0,9724	0,6967	57	
	43								0,9998	0,9979	0,9831	0,7635	56	
	44								0,9999	0,9989	0,9900	0,8211	55	
	45									0,9995	0,9943	0,8689	54	
	46									0,9997	0,9969	0,9070	53	
	47									0,9999	0,9983	0,9362	52	
	48									0,9999	0,9991	0,9577	51	
	49										0,9996	0,9729	50	
	50										0,9998	0,9832	49	
	51										0,9999	0,9900	48	
	52											0,9942	47	
	53											0,9968	46	
	54											0,9983	45	
	55				Nicht aufgeführte Werte sind (auf 4 Dez.) 1,000							0,9991	44	
	56											0,9996	43	
	57											0,9998	42	
	58											0,9999	41	
n		0,95	0,93	0,9	0,85	5/6	0,8	0,75	0,73	0,7	2/3	0,6	k	n

NORMALVERTEILUNG

Merke: $\phi(z) = 0,....$ und $\phi(-z) = 1 - \phi(z)$

Beispiel: $\phi(2,32) = 0,9898$ oder $\phi(-0,9) = 1 - \phi(0,9) = 0,1841$

z	0	1	2	3	4	5	6	7	8	9
0,0	5000	5040	5080	5120	5160	5199	5239	5279	5319	5359
0,1	5398	5438	5478	5517	5557	5596	5636	5675	5714	5753
0,2	5793	5832	5871	5910	5948	5987	6026	6064	6103	6141
0,3	6179	6217	6255	6293	6331	6368	6406	6443	6480	6517
0,4	6554	6591	6628	6664	6700	6736	6772	6808	6844	6879
0,5	6915	6950	6985	7019	7054	7088	7123	7157	7190	7224
0,6	7257	7291	7324	7357	7389	7422	7454	7486	7517	7549
0,7	7580	7611	7642	7673	7704	7734	7764	7794	7823	7852
0,8	7881	7910	7939	7967	7995	8023	8051	8078	8106	8133
0,9	8159	8186	8212	8238	8264	8289	8315	8340	8365	8389
1,0	8413	8438	8461	8485	8508	8531	8554	8577	8599	8621
1,1	8643	8665	8686	8708	8729	8749	8770	8790	8810	8830
1,2	8849	8869	8888	8907	8925	8944	8962	8980	8997	9015
1,3	9032	9049	9066	9082	9099	9115	9131	9147	9162	9177
1,4	9192	9207	9222	9236	9251	9265	9279	9292	9306	9319
1,5	9332	9345	9357	9370	9382	9394	9406	9418	9429	9441
1,6	9452	9463	9474	9484	9495	9505	9515	9525	9535	9545
1,7	9554	9564	9573	9582	9591	9599	9608	9616	9625	9633
1,8	9641	9649	9656	9664	9671	9678	9686	9693	9699	9706
1,9	9713	9719	9726	9732	9738	9744	9750	9756	9761	9767
2,0	9772	9778	9783	9788	9793	9798	9803	9808	9812	9817
2,1	9821	9826	9830	9834	9838	9842	9846	9850	9854	9857
2,2	9861	9864	9868	9871	9875	9878	9881	9884	9887	9890
2,3	9893	9896	9898	9901	9904	9906	9909	9911	9913	9916
2,4	9918	9920	9922	9925	9927	9929	9931	9932	9934	9936
2,5	9938	9940	9941	9943	9945	9946	9948	9949	9951	9952
2,6	9953	9955	9956	9957	9959	9960	9961	9962	9963	9964
2,7	9965	9966	9967	9968	9969	9970	9971	9972	9973	9974
2,8	9974	9975	9976	9977	9977	9978	9979	9979	9980	9981
2,9	9981	9982	9982	9983	9984	9984	9985	9985	9986	9986
3,0	9987	9987	9987	9988	9988	9989	9989	9989	9990	9990
3,1	9990	9991	9991	9991	9992	9992	9992	9992	9993	9993
3,2	9993	9993	9994	9994	9994	9994	9994	9995	9995	9995
3,3	9995	9995	9995	9996	9996	9996	9996	9996	9996	9997
3,4	9997	9997	9997	9997	9997	9997	9997	9997	9997	9998
3,5	9998	9998	9998	9998	9998	9998	9998	9998	9998	9998
3,6	9998	9998	9999	9999	9999	9999	9999	9999	9999	9999
3,7	9999	9999	9999	9999	9999	9999	9999	9999	9999	9999
3,8	9999	9999	9999	9999	9999	9999	9999	9999	9999	9999

Komm mit deinen Freunden
zum Kurs und verdiene Geld

Mit StudyHelp online lernen

Unter studyhelp.de/online-lernen steht dir jederzeit unser **kostenloses Lernportal mit Videos, Erklärungen und Aufgaben** zur Verfügung. Alle Themen und Erklärungen sind verständlich für dich aufbereitet. So kannst du dich ganz gezielt auf deine Prüfung vorbereiten. Lerne in deinem eigenen Tempo – wann und wo du möchtest.

Jetzt QR-Code scannen und loslegen:

StudyHelp Lernhefte

Online bestellen auf shop.studyhelp.de

Gemeinsam mit unseren Bildungspartnern bieten wir dir Lernhefte für spezielle Themenbereiche an.

Dabei vereinen wir stets die geschätzte Haptik eines Printprodukts mit den neuartigen Möglichkeiten der Digitalisierung. Vermeintlich komplexe Inhalte werden leicht verständlich übermittelt und online Erklärungen bieten dir ein tiefergehendes Verständnis. So bieten wir dir mit jedem Lernheft ein **Rundum-sorglos-Paket**.

Alle Lernhefte und Ratgeber findest du unter:

StudyHelp TV

Deutschlands beliebtester YouTube Kanal für Studiengänge der Ingenieurs- und Wirtschaftswissenschaften. Über 500 Erklärvideos zu fachspezifischen Themen, 45.000 Abonnenten und über 14 Mio. Views.

Wir wünschen dir viel Erfolg beim Lernen!